10대가 알아야 할 전자 기계 · 건설 · 생명 · 수송 기술의 모든 것

테크놀로지의 세계 3
The World of Technology

지 식 경 제 부   지 원
한국산업기술진흥원 기획

10대가 알아야 할 전자 기계 · 건설 · 생명 · 수송 기술의 모든 것

테크놀로지의 세계 3

The World of Technology

미래를 준비하는 기술교사 모임 **지음**

RHK
알에이치코리아

발간의 글

'테크놀로지의 세계' 로
초대합니다.

우리는 이 책의 제목처럼 '테크놀로지의 세계', 즉 '기술의 세계'에 살고 있습니다. 버스 정류장에서 버스가 언제 도착할지 쉽게 알 수 있고, 언제 어디서든 인터넷에 접속해 세계 각지의 뉴스를 실시간으로 볼 수 있으며 메일도 주고받을 수 있습니다. 생명 기술의 발달로 건강을 유지하고 수명 연장의 꿈을 이뤄가고 있습니다. 유비쿼터스 기술은 일상을 더욱 안전하고 편리하게 변화시키고 있습니다.

우리 생활 모든 곳에 기술이 있습니다. 기계나 원리가 기술의 전부는 아닙니다. 기술은 우리가 살아가는 사회이며 문화입니다. 앞으로 청소년 여러분이 살고, 만들어 갈 사회는 더욱 더 기술 친화적 사회가 될 것입니다.

기술 속에서 살아가고 그것이 주는 편리함을 만끽하고 있지만 막상 '기술'이라고 하면 어려운 느낌이 듭니다. 예를 들면 새로운 휴대 전화의 다양한 기능은 쉽게 익히면서도 그 원리를 담고 있는 '정보 통신 기술'은 낯설어합니다.

이 책《테크놀로지의 세계》는 청소년들에게 기술의 무한한 가능성과 재미를 알려 주기 위해 기획되었습니다. 기술의 세계는 매우 역동적으로 발전하고 있고 그 속도만큼이나 매우 흥미진진하고 재미있는 세계입니다.

《테크놀로지의 세계》를 통해 청소년들은 기술에 대한 호기심을 채우고 기술이 얼마나 인간의 삶을 아름답고 풍요롭게 만들어 주는지 새삼 발견할 것입니다. 또한 오늘날의 기술은 꿈을 실현하고자 노력한 수많은 사람들의 놀라운 창조성과 도전 정신의 산물이라는 것을 알게 될 것입니다. 《테크놀로지의 세계》를 통해 복잡하고 어려워서 전문가의 영역이라고만 여겼던 기술의 세계가 청소년 여러분의 꿈으로 다가왔으면 합니다.

이 책은 청소년을 대상으로 만들어졌지만 쉬운 기술 교양서를 원하는 성인에게도 많은 도움이 되리라 생각합니다. 기초적인 기술의 원리를 담은 이 책을 통해 현대 사회에서 나날이 발전하는 기술을 이해하고 올바로 이용하는 데에 필요한 기술 교양을 얻을 수 있을 것입니다.

우리나라가 짧은 시간 동안 놀라운 성장을 이루어 낸 것은 훌륭한 기술을 창조한 리더들이 있었기 때문입니다. 청소년들이 기술을 통해 꿈을 실현하는 것은 우리나라는 물론 인류의 발전에 기여하는 일이 될 것입니다.

청소년 여러분이 기술의 가치를 깨닫고 기술인의 꿈을 이루는 데 《테크놀로지의 세계》가 소중한 징검다리가 되어 줄 수 있기를 기대합니다.

지 식 경 제 부
한국산업기술진흥원

이 책을 읽는
청소년 독자들에게

"선생님, 우리나라 KTX 열차는 자기 부상 열차인가요?" "증강현실이 뭐예요?" "교통카드를 찍으면 어떻게 요금이 계산되죠?" "핵융합 에너지랑 원자력 에너지랑 뭐가 달라요?" "우주 엘리베이터라는 것이 정말 만들어질 수 있어요?" "돈을 많이 벌려면 어떤 걸 발명해야 하나요?" "왜 어떤 볼펜은 비싸고 어떤 볼펜은 싼 거죠?"

기술이 세상을 변화시키는 속도만큼 기술에 대한 여러분의 궁금증도 매일매일 늘어납니다. 어른들보다 기술의 변화에 유연하기 때문에 새로운 제품이나 서비스가 나오면 그것에 대해 이것저것 물어보기도 합니다. 그러나 기술 교과서는 그 답을 충분히 알려 주지 않습니다. 기술 수업시간 역시 여러분의 궁금증을 해결해 주기에 부족합니다.

수업시간과 교과서 밖으로 넘치는 여러분의 궁금증을 재미있고 시원하게 해결해 줄 책이 있다면 좋을 텐데, 첨단 기술의 원리에 대해 재미있게, 그러면서도 깊이 있게 설명해 주는 책은 많지 않습니다. 여러분을 기술의 세계로 이끌어 줄 적절한 책이 거의 없다 보니, 새로운 기계에 대한 여러분의 무한한 호기심은 그저 사용법을 익히는 데에서 멈추고 마는 경우가 많습니다. 첨단 기기에 대한 호기심이 더 넓은 기술의 세계에 대한 이해로 확장되지 못하고 그대로 사라져 버리는 것을 보면서 많은 교사들이 안타까운 마음을 토로해 왔습니다.

그래서 기술 교사들이 모여 여러분에게 기술의 세계를 본격적으로 알려 줄 멋진 선물을 만드는 데에 뜻을 모았습니다. 그렇게 탄생한 것이 바로 이 책 《테크놀로지의 세계》입니다.

기술의 세계로 안내하는 내비게이션 《테크놀로지의 세계》

이 책을 구성하고 쓰면서 여러분이 그간 궁금해했던 기술의 세계에 대해서 누구보다도 쉽게 설명하기 위해 노력했습니다. 기술 교과를 본격적으로 배우기 시작하는 중학생부터 이해할 수 있도록 가능한 한 복잡한 전문 용어를 쓰지 않았습니다. 전문가만이 알 수 있는 용어는 여러분들에게 기계와 기술에 대해 불필요한 거리감을 줄 수 있기 때문입니다. 복잡한 용어를 쓰지 않고도 어려운 지식을 청소년의 눈높이에 맞추어 설명해 내는 것은 교사들이 집필한 책만이 가질 수 있는 매력이자 장점이 될 것입니다.

또한 청소년의 일상에서 얻은 소재들을 최대한 활용하였습니다. 휴대 전화와 MP3는 물론 휴머노이드 로봇, 캐릭터 디자인 등 요즘 여러분들이 가장 관심 있어 하는 분야의 소재를 최대한 활용하였습니다. 첨단 기술과 결합된 소재들은 여러분들을 자연스럽게 더 넓은 기술의 세계로 초대할 것입니다.

《테크놀로지의 세계》는 모두 3권으로 구성되어 있습니다. 오늘날의 다양한 기술들은 한 권으로 모두 설명하기에는 턱없이 부족할 만큼 그 양이 매우

방대합니다. 이에 유사한 주제끼리 묶으면서도 학교에서 배우는 교과 내용과
도 연계할 수 있도록 내용을 구분하여 모두 3권에 나누어 실었습니다.

기술의 과거와 현재, 미래를 조망하는 1권

제1권은 크게 '역사 속 기술', '생활 속 기술', '기술과 발명', '기술 속 진로'
라는 4가지의 주제를 통해 기술의 세계를 전반적으로 개괄할 수 있도록 구성
하였습니다.

'기술과 역사'에서는 역사 속의 다양한 기술 사례를 구체적으로 소개함으
로써 기술의 발전 과정을 이해할 수 있도록 하였습니다. '생활 속의 기술'에
서는 일상 속의 다양한 기술 사례들과 함께 미래의 기술에 대한 전망을 제시
하여 기술의 현재와 미래를 동시에 조망할 수 있습니다.

'기술과 발명'에서는 기술 교과서에 새롭게 편성된 발명 단원을 쉽게 이해
할 수 있도록 발명을 둘러싼 다양한 에피소드, 지식재산권, 발명의 과정 및
문제 해결 방법 등을 소개하였습니다.

'기술과 진로'에서는 기술과 관련된 다양한 직업의 세계를 소개하여 여러
분이 직업에 대한 올바른 인식을 통해 구체적인 진로를 설계할 수 있도록 하
였습니다. 기술과 관련된 직업의 매력을 충분히 소개하고 있으므로 여러분들
에게 이공계로 진로를 모색하는 기회를 제공할 수 있으리라 기대합니다.

디자인, 정보 통신, 제조, 에너지 기술을 탐구하는 2권

제2권과 제3권에서는 기술의 세계를 모두 8가지 분야로 나누어 각 분야별로 집중적으로 탐색할 수 있도록 하였습니다.

먼저 제2권에서는 '디자인'과 '정보 통신', '제조', '에너지' 분야의 기술을 다루었습니다. '디자인'에서는 기술에 가치를 부여하는 데에 결정적인 역할을 하는 디자인의 세계를 아이팟, 정수기 등 구체적인 사례를 통해 설명하였습니다. '정보 통신'에서는 현대인의 삶과 점점 밀착되고 있는 각종 정보 통신 기술을 알기 쉽게 설명하는 데에 주력하면서 또한 미래의 정보 통신 기술에 대한 비전도 함께 제시하였습니다.

'제조'에서는 역사적으로 가장 오래된 기술 중 하나인 제조 기술을 재료를 중심으로 설명한 뒤 나노, 레이저, 세라믹, 실리콘 등 현대 사회에서 가장 주목받고 있는 소재들을 제시하였습니다. '에너지'에서는 화석 에너지에서 재생 에너지까지 다양한 에너지를 설명하면서 지속 가능한 개발과 관련된 에너지 문제들도 깊이 있게 탐구하였습니다.

전자 기계, 건설, 생명, 수송 기술을 탐구하는 3권

제3권에서는 '전자 기계', '건설', '생명', '수송' 분야의 기술을 다루었습니다. '전자 기계'에서는 기계의 움직임과 동력, 전기의 활용법 등 전자와 기계의 기초적인 원리를 풍부하게 설명하였고 특히 향후 발전이 기대되는 로봇을 집중적으로 다루었습니다. '건설'에서는 다양한 건축물의 실례와 함께 건축의 원리를 설명하고 환경, IT, 에너지 등의 분야가 건축과 어떻게 긴밀히 관계되어 있는지에 대해서도 다루었습니다.

'생명'은 최근 가장 논쟁적인 분야인 만큼 발효처럼 전통적인 기술부터 줄기세포처럼 최첨단의 기술까지 종합적으로 설명하여 생명 기술에 대해 올바르게 이해할 수 있도록 하였습니다. '수송'에서는 자동차, 비행기, 기차 등의 친근한 수송 수단을 사례로 하여 땅, 바다, 하늘, 우주 속에서 이루어지는 다양한 수송의 원리와 기능을 설명하였습니다.

다른 교과와 연계한 'STEM'과 풍부한 체험 활동

각 주제들을 설명하는 동안 필자들이 염두에 두었던 것이 하나 있습니다. 바로 기술과 다른 교과와의 연계와 융합입니다. 오늘날의 기술은 공학과 수학, 과학과 깊은 관계를 맺고 있습니다. 이들을 하나로 묶어 부르는 이름(STEM : Science, Technology, Engineering and Mathematics)이 따로 있을 정도로 이 관계는 매우 밀접합니다. 이 관계를 자연스럽게 이해할 수 있도록 이와 관련한 많은 읽을 거리도 함께 책 속에 담았습니다.

또한 각 분야별로 다양한 진로 정보와 제작 체험 활동을 담았습니다. 특히 간단한 재료로 친구들과 함께 책에 나온 방법대로 제작 체험 활동을 하다 보면 자연스럽게 기술의 원리뿐만 아니라 과학의 원리도 익힐 수 있습니다.

이 책이 여러분들에게 도움이 되길 바라며

기술은 가장 실용적인 학문이며 여러분들이 앞으로의 삶을 살아가는 데 그 어느 과목보다도 유용한 지식입니다. 기술의 세계를 잘 이해할 수 있도록 안내하는 책이 적은 현실 속에서 이 책이 하나의 나침반 역할을 할 것을 기대합니다. 이 책이 교과서 속의 기술 지식은 물론 일상의 기술 환경에 대해 이해하고 관심을 갖는 데에 도움을 주고, 나아가 미래의 진로를 탐색하는 데 길잡이 역할을 할 수 있기를 바랍니다.

미래를 준비하는 기술교사 모임

cntents

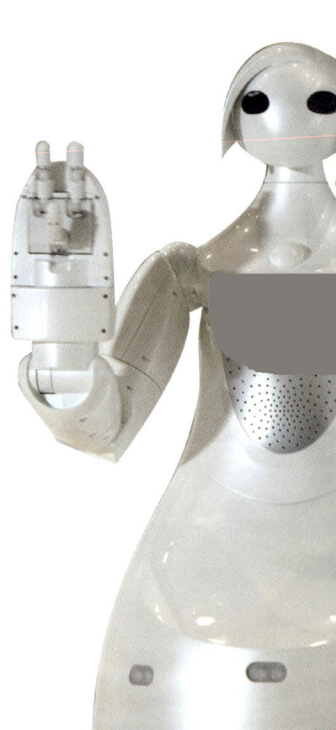

2부 건설

3부 생명

4부 수송

1부

전자 기계

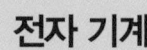

전자 기계

1장

전자 기계 기술의
이모저모

기계란 저항력을 가진 다수의 부품이 결합되어 있고, 에너지를 공급받아 일을 하는 물체를 가리킨다. 기계가 본격적으로 발전하기 시작한 것은 산업 혁명 이후부터지만 사실 기계의 역사는 그보다 훨씬 오래되었다. 기계의 기본 원리는 무엇이며 우리 역사 속의 대표적인 기계로는 무엇이 있는지 살펴보자.

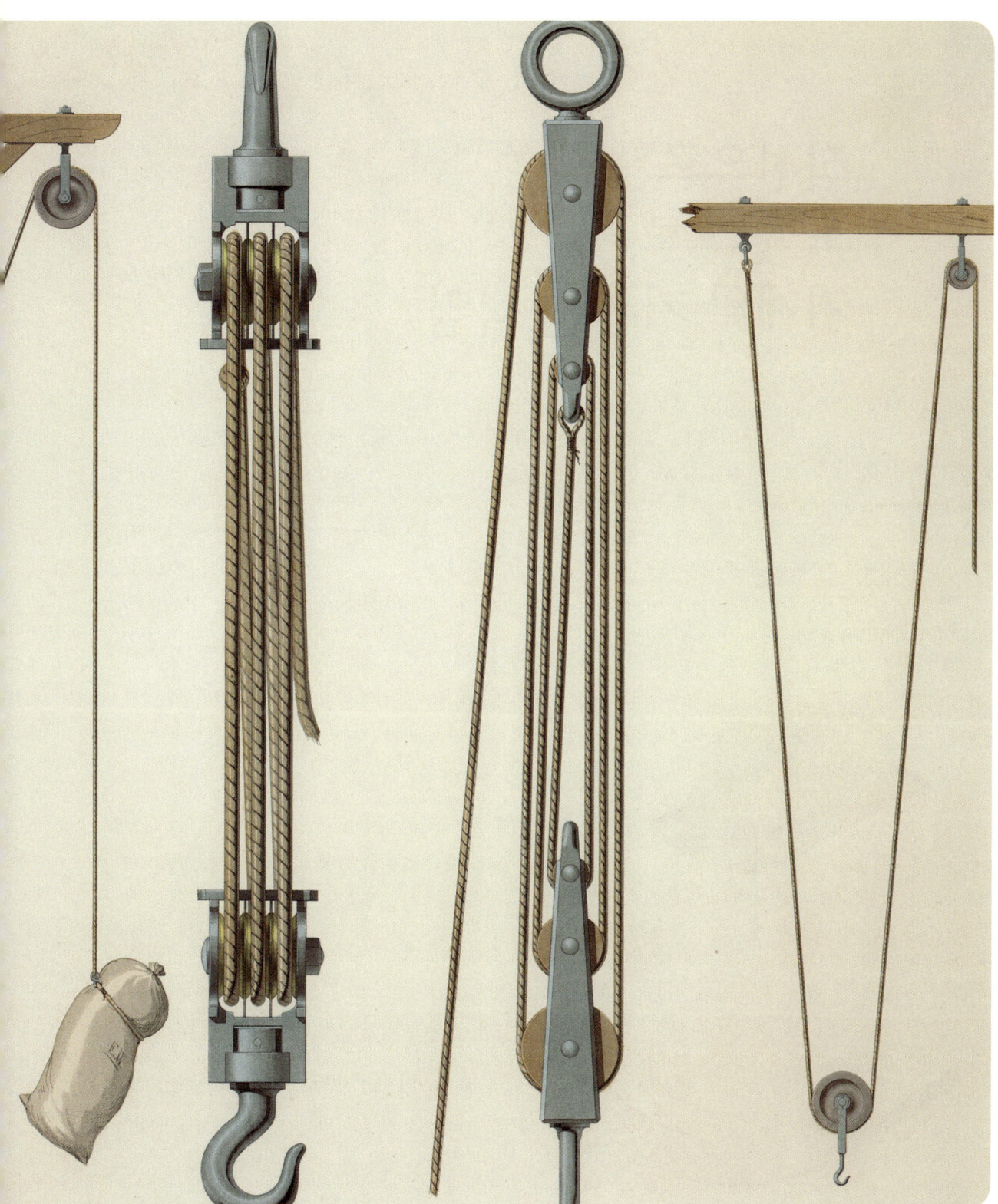

직선으로
또 원으로,
기계의 기본 움직임

커다란 통 안에 많은 인형이 담겨 있다. 돈을 넣고 조정 손잡이를 움직이면 기계 장치로 된 손이 움직여서 원하는 인형을 잡는다. 인형을 들어 올려서 무사히 가져오면 내 것이 된다. 거리에서 흔히 볼 수 있는 인형 뽑는 기계의 작동 과정이다.

이 기계만 보아도 알 수 있듯 기계는 일정한 규칙을 가지고 움직인다. 그리고 그 움직임은 단순한 것부터 인간의 운동과 매우 비슷할 정도로 복잡한 것까지 다양하다. 기계들의 움직임은 어떻게 분류할 수 있을까?

가장 기본적인 움직임은 직선 운동이다. 한쪽 방향으로 진행되는 움직임을 말한다. 토스터를 생각해 보자. 식빵을 입구에 넣고 옆에 달려 있는 레버를 누르면 빵은 안으로 들어간다. 일정한 시간 후에 잘 구워진 빵이 튀어나온다. 빵이 들어갔다가 나오는 이 운동이 바로 직선 운동이다.

이 직선 운동이 양 방향으로 계속 일어나는 운동을 왕복 운동이라 한다. 상하, 좌우, 전후로 일어나는 직선 운동이 곧 왕복 운동이다. 정육점에 가면 꽁꽁 얼어 있는 고기를 얇게 써는 기계를 볼 수 있다. 톱날의 뒤쪽에 고기를 넣고 기계를 작동시키면 왕복 운동을 하는 톱날이 고기를 얇게 썬다.

토스터는 상하 운동의 원리를 이용해 만든 기계이다.

이때 톱날은 왕복 운동과 동시에 회전 운동도 한다. 기계의 움직임에서 빠질 수 없는 운동인 회전 운동은 한 점을 중심으로 원을 그리는 운동이다. 자동차의 바퀴, 선풍기의 날개 등이 회전 운동을 하는 대표적인 경우이다.

회전 운동처럼 한 점을 중심으로 움직이긴 하지만 빙빙 도는 대신 일정한 거리를 왕복하는 운동이 있다. 부채꼴을 그리면서 왕복 운동을 하는 진자 운동이 그것이다. 진자 운동은 놀이 공원에서 쉽게 찾아볼 수 있다. 축을 중심으로 왕복 운동을 하는 바이킹이 바로 진자 운동의 전형적인 사례이다.

기계의 움직임이 항상 일정한 규칙을 가지고 있는 것은 아니다. 때로는 불규칙한 움직임이 필요하기도 하지만 대부분의 기계는 위의 움직임들을 조합해 복잡하고 어려운 일들을 수행한다.

선풍기의 날개는 회전 운동을 한다.

지식 더하기 +

작동했다가 멈췄다가, 간헐 운동

기계가 반드시 계속적으로 움직여야 하는 것은 아니다. 기계를 사용하다 보면 일시적인 움직임을 반복적으로 필요로 하는 경우가 있기 때문이다. 이럴 때는 간헐 운동을 하는 기계를 사용하면 편리하다.

미용실 의자를 생각해 보자. 미용사는 필요에 따라 의자의 높이를 조절해야 한다. 그래서 미용실 의자는 발판을 밟을 때마다 조금씩 올라오는 운동, 즉 간헐 운동을 하게 되어 있다. 셔터를 누르면 닫혔다가 열리는 카메라 렌즈도 간헐 운동인 셈이다.

기계, 이렇게
시작됐다

기계가 만들어지기 훨씬 전부터 인간은 자연이나 동물의 힘을 이용해 힘든 일을 해 왔다. 또 빗면, 지레, 바퀴, 도르래도 당당히 한 몫을 했다. 이것들은 기계의 시작을 알리는 출발점이었다. 이들을 하나하나 알아보도록 하자.

높은 산을 올라가는 기차는 완만한 경사를 따라 돌아 올라간다. 가파른 길을 오르면 거리는 단축되지만 힘이 많이 드는 데 비해, 약간 비탈진 길을 올라가면 멀리 돌아가는 불편함은 있지만 힘이 덜 들기 때문이다. 이것이 빗면의 원리다.

어깨로 하늘을 받드는 벌을 받은 아틀라스. 신에게도 힘들었을 그 일을 가볍게 여긴 사람이 있었으니 바로 아르키메데스이다. 그는 기

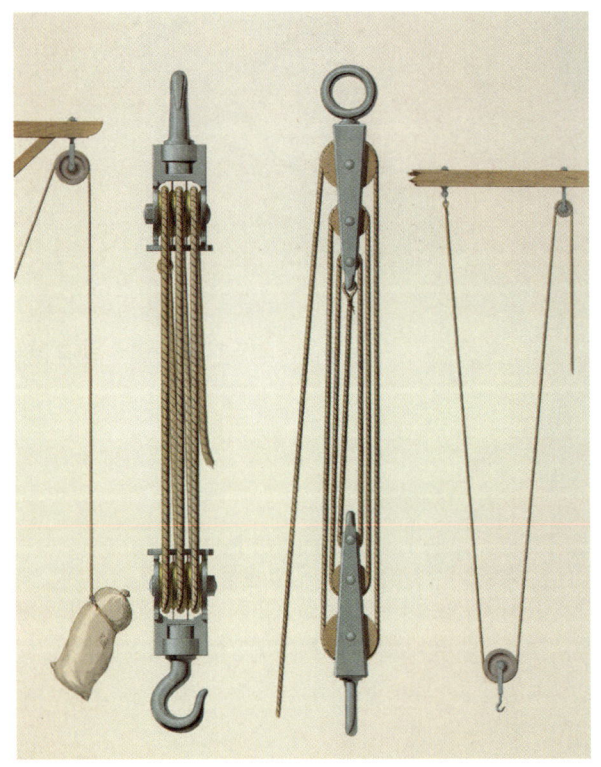

도르래

다란 막대기와 받침대만 있다면 지구를 들어 올리겠다고 말했다. 지레의 원리가 있기에 가능한 이야기이다. 지레는 받침점의 위치를 조절해 무거운 물체도 쉽게 들 수 있다. 시소처럼 받침점이 가운데에 위치한 지레는 1종 지레이다. 힘점이나 작용점 중 하나가 올라가면 다른 하나는 내려오는 형태로,

짐을 옮기는 손수레나 가위가 1종 지레를 응용한 것이다.

　병따개처럼 작용점이 힘점과 받침점의 가운데에 위치한 지레는 2종 지레이다. 2종 지레에서는 힘점과 작용점이 같은 방향으로 향한다. 이 원리를 이용한 것으로는 호두까기가 있다.

호두까기는 2종 지레의 원리를 사용해 만든 도구이다.

　핀셋처럼 힘점이 가운데에 위치한 지레는 3종 지레이다. 작용점을 멀리 둘 수 있다는 특징 때문에 낚싯대처럼 먼 곳에 있는 물체에 힘을 작용시키는 도구에 이용된다.

　무거운 물체일수록 바닥과의 마찰력이 강해진다. 그래서 바닥에 놓여 있는 무거운 물체를 수평 방향으로 옮기는 것은 매우 힘든 일이다. 하지만 그 물체의 바닥에 바퀴가 달리게 되면 이야기가 달라진다. 처음에는 통나무를 여러 개 바닥에 깔아 물체를 밀던 것이 발전해 바퀴가 등장하게 되었다. 나무를 잘라 만든 원반 형태의 바퀴가 나오면서 수송 수단이 획기적으로 변하게 되었다.

　물체를 들어 올리는 것은 중력과 맞서 싸우는 것과 같기 때문에 힘이 많이 들 수밖에 없다. 이럴 때는 도르래를 이용하면 된다. 바퀴에 약간의 홈을 내어 만든 도르래에 줄을 걸치고, 줄 한쪽 끝에는 물체를 달고, 다른 한쪽에서 줄을 당기면 물체를 쉽게 들어 올릴 수 있다. 고정도르래의 경우 힘의 방향을 바꾸어 작업을 쉽게 해 주는 장점이 있지만 물체를 들어 올리는 힘에는 변함이 없다. 움직도르래의 경우 물체를 들어 올리는 힘을 절반으로 줄여 주지만 이동 거리가 2배로 늘어나는 단점이 있다. 그래서 고정도르래와 움직도르래를 적절하게 조합한 형태가 자주 이용된다. 이런 도르래의 원리는 기중기 같은 건설 기계나 엘리베이터 같은 수송 기계에 널리 사용되고 있다.

물레방아와
거중기의 원리

옛사람들은 달에서 토끼가 절구로 방아를 찧는다고 생각했다. 이 절구를 기계로 만든 것이 있는데 그것이 무엇일까? 바로 물레방아이다. 물레방아는 인간의 절구질을 대신하도록 고안된 초보적 단계의 기계이다. 물레방아를 분석해 보면 물의 힘을 이용해 회전 운동을 하는 물레바퀴와 축, 그 회전 운동을 받아들여 간헐적으로 직선 왕복 운동을 하는 디딜방아로 구성되어 있다.

물이 물레바퀴 쪽으로 떨어지면 물레바퀴의 홈에 담기면서 바퀴가 회전을 하게 된다. 물의 위치 에너지가 바퀴의 운동 에너지로 전환되는 것이다. 수레바퀴의 회전과 함께 바퀴의 전동축도 회전을 하게 되고 전동축의 끝부분에 달려 있는 막대기, 즉 레버가 디딜방아를 누르게 된다. 레버에 의해 상승한 디딜방아는 레버가 지나감과 동시에 중력에 의해 떨어진다. 이때 디딜방아의 위치 에너지는 곡식을 찧는 운동 에너지로 전환된다.

도르래의 원리가 적용된 거중기. 정약용은 중국에서 들여온 '기기도설'을 참고해 거중기를 개발했다.

세계문화유산으로 등재된 수원화성을 지은 일등공신이 바로 건설 기계인 거중기이다. 조선의 대표적인 실학자 정약용이 도르래의 원리를 활용해 만들었다. 기록에 의하면 거중기는 '1만 2000근의 큰 돌을 30여 명의 장정이 들어 올릴 수 있으므로 결국 한 사람이 400근의 무게를 감당하는 기구'이다. 정약용은 거중기를 이렇게 설명했다.

"활차(도르래)가 무거운 물건을 들어 올릴 때에 이로운 점이 두 가지가 있다. 하나가 힘을 더는 거요, 다른 하나는 물건을 떨어뜨리지 않는 것이다. 활차 1구를 쓰면 100근짜리 물건을 드는 데 50근이면 되고, 2구를 쓰면 25근의 힘이면 된다. 지금 상하 8륜이면 힘은 25배를 얻을 수 있다."

수원화성

거중기의 구조를 살펴보면 위아래에 각각 네 개의 도르래가 연결되어 있고 도르래를 양쪽에서 잡아당길 수 있도록 동아줄이 연결되어 있다. 이 동아줄을 물레에 감기도록 해서 물레를 돌리며 감으면 물체가 위로 들려 올라가는 것이다.

영화나 드라마에서 옛날의 전쟁 장면을 보면 멀리서 돌이 날아와 군사들이 다치고 성이 부서지는 장면이 나온다. 어떻게 먼 곳에서 성까지 돌을 날릴 수 있을까? 바로 투석기 덕분이다. 석차라고도 불리는 이 기계는 탄성 에너지와 지레의 원리를 활용해 커다란 돌이 날아갈 수 있게 만든 것이다. 대포가 발명되기 전까지 투석기는 전쟁에서 중요한 기계로 활용되었다.

STEM 기술 속의 과학

수식으로 보는 물레방아의 원리

위치 에너지는 공간 안의 물체가 놓인 위치에 따라 지니고 있는, 일로 변환될 수 있는 잠재적 에너지이다.

$E_{위치}$ = mgh (m:질량, g:중력가속도, h:높이)

운동 에너지는 물체가 운동할 때 지니고 있는 에너지이다.

$E_{운동}$ = $1/2mv^2$ (m:질량, v:속도)

역학적 에너지는 물체의 속력에 따라 결정되는 운동 에너지와 물체의 위치에 따라 결정되는 위치 에너지의 합으로 이루어진다. 외부의 물리적 작용이 없을 때 운동 에너지와 위치 에너지의 합은 일정하게 유지된다.

2장

기계의 원리를
찾아라

언뜻 보기에 기계는 굉장히 복잡해 보인다. 어떻게 그렇게 복잡한 구조를 설계할 수 있는지 신기할 정도이다. 하지만 기계는 엄연히 사람이 인공적으로 만든 물건이다. 그 구성 요소를 들여다보고 기초적인 원리를 알고 나면 복잡한 기계도 쉽게 이해할 수 있다.

기계를
움직이는 동력

기계는 동력을 전달 받아야 움직일 수 있다. 기계가 어떤 과정을 거쳐서 동력을 전달받는지 알아보자. 비가 오는 날 차를 타고 갈 때면 꼭 필요한 것이 있다. 바로 자동차의 와이퍼이다. 와이퍼가 움직이기 위해서는 여러 개의 막대가 필요하다. 와이퍼에 연결된 막대기들이 움직여 와이퍼의 부채꼴 왕복 운동을 만드는 것이다. 이처럼 여러 개의 막대가 자유롭게 움직일 수 있도록 연결해 기계의 운동을 이끌어 내는 부분을 링크 장치라고 한다. 링크 장치는 조합된 막대들을 적절하게 움직여서 기계의 운동 방향을 바꾸거나 속도를 변화시킨다.

톱니가 있는 기어

거리가 가까운 두 축 사이에 동력 전달을 할 때 기어라고 하는 기계 요소를 사용한다. 기어는 톱니바퀴를 이용해 한쪽의 힘을 다른 한쪽으로 전달하는 장치이다. 크기 또는 모양이 다른 두 개의 기어가 맞물려 돌아가면서 기계

기어는 동력을 전달할 때 쓰인다.

의 힘과 속도를 조절하게 된다. 둘 중 큰 기어에 힘을 주는 경우는 회전 속도를 빠르게 할 때이고 작은 기어에 힘을 주는 경우는 큰 힘을 얻을 때이다. 이에 비해 마찰 기어는 톱니가 없는 두 개의 바퀴가 서로 맞닿은 상태에서 두 바퀴 사이의 마찰력으로 동력을 전달한다. 그냥 기어에 비해 힘의 전달이 정확하지는 못하지만 회전 속도가 빠르고 속도 조절이 쉽다는 장점이 있다.

서로 떨어져 있는 두 축 사이에 동력을 전달하는 장치로는 체인과 스프로킷, 풀리와 벨트가 있다. 기어처럼 맞물림을 이용한 것이 체인과 스프로킷이고 마찰 기어처럼 마찰을 이용한 것이 풀리와 벨트이다. 체인과 스프로킷은 자전거나 오토바이에서 이용된다. 떨어져 있는 두 개의 스프로킷을 체인으로 연결한 것으로 체인 기어라고도 불린다. 한쪽 스프로킷을 회전시키면 그 동력이 체인을 통해 전달돼 다른 스프로킷까지 회전하게 된다. 체인과 스프로킷의 경우, 힘을 정확하게 전달하기에는 좋지만 속도가 느리고 소음이 크다는 문제가 있다. 이를 해결하기 위해 체인 대신 벨트를, 스프로킷 대신 풀리를 이용하는 기계도 있다.

접착제 없이
부품을
붙이는 법

기계 안에서 여러 부품들이 자기 역할을 수행하기 위해서는 각각의 부품들이 떨어지지 않고 제대로 붙어 있어야 한다. 두 물체를 붙이고자 할 때 그냥 고정되어 있는 물체라면 접착제를 이용하면 될 것이다. 하지만 인간의 일을 대신하기 위해 만들어진 기계는 계속 움직여야 하기 때문에 접착제로는 곤란하다. 그렇다면 기계 부품들은 어떻게 붙여야 할까?

우리가 흔히 나사라고 부르는 나사못은 일반 못에 나사라는 독특한 구조를 더한 것이다. 나사못의 원통 부분에는 사선 형태의 무늬가 있다. 그래서 나사못에는 망치가 아닌 드라이버를 사용한다. 나사못은 두 물체를 결합하는 것이 주된 목적이지만 회전의 속도를 바꾸거나 작은 회전력으로 큰 힘을 내는 곳에 이용하기도 한다. 회전 운동을 직선 운동으로 또는 그 반대로 바꾸는 경우에도 이용한다.

나사못의 종류는 매우 다양하다. 사선 무늬가 원통 바깥쪽에 위치하면 수나사, 원통 안쪽에 위치하면 암나사이다. 위쪽의 모양에 따라 삼각나

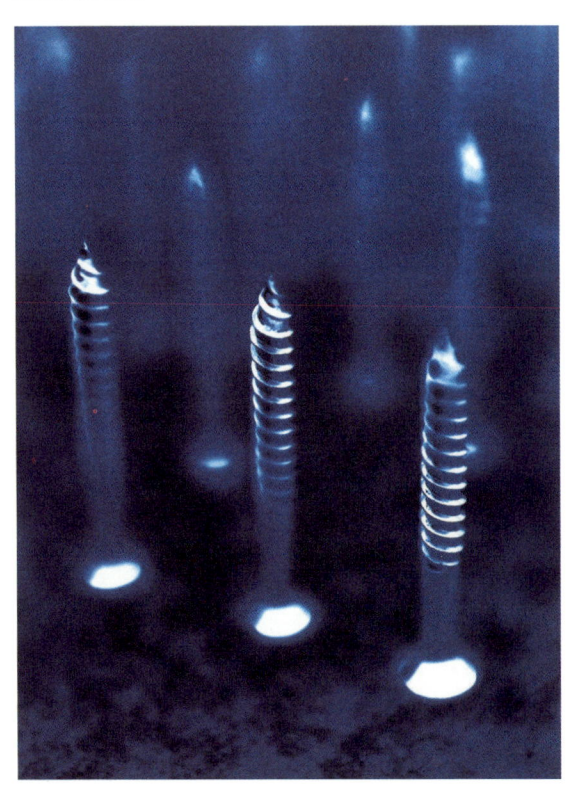

나사는 기계 부품을 연결할 때 요긴하게 쓰인다.

사, 사각나사, 사다리꼴나사, 톱니나사, 둥근나사로 나누기도 한다. 사선에서 오른쪽이 위로 올라가면 오른나사, 왼쪽이 위로 올라가면 왼나사이고, 사선의 줄 수가 하나면 한줄나사, 두 줄 이상이면 다줄나사이다.

나사를 사용할 수도 있지만 크기가 작고 큰 힘이 걸리지 않는 곳에는 핀이라고 불리는 작은 막대기를 하나 밀어 넣는 것만으로도 두 부품을 결합시킬 수 있다. 자전거 체인이 대표적인 경우이다. 체인과 체인은 평행핀을 통해 결합된다. 이 외에도 테이퍼핀이라든가 분할핀 등이 기계 부품들을 결합시킬 때 사용되는 핀들이다. 나사와 핀이 없다면 기계는 단순한 도구로 전락하고 말 것이다.

자전거의 변속 원리

회전하는 물체는 지름이 클수록 힘이 크고 지름이 작을수록 속도가 빠르다. 스패너를 돌리는 손의 위치가 볼트에서 멀수록 회전력은 커져 힘은 적게 든다. 반대로 손의 위치가 볼트에 가까울수록 회전력은 작아져서 힘은 많이 든다. 이 원리를 보면 변속 원리를 쉽게 이해할 수 있다.

자전거는 언덕을 올라가거나 빠른 속도로 갈 경우에는 힘이 많이 든다. 이때 효율적으로 자전거를 탈 수 있도록 도와주는 것이 변속기다. 자전거는 페달 쪽의 앞 스프로킷과 뒷바퀴 쪽의 뒤 스프로킷을 어떻게 연결하느냐에 따라서 변속 방법이 결정된다. 언덕을 올라갈 때는 작은 힘을 들여서 큰 힘을 만들어 내야 한다. 앞 스프로킷은 제일 작은 스프로킷을 돌리는 것이 힘이 적게 든다. 뒤 스프로킷은 제일 큰 스프로킷이 돌아가야 회전력이 강하게 만들어져 언덕을 쉽게 올라가게 된다.

그럼 빠른 속도로 달릴 때는 어떻게 해야 할까? 이때는 뒷바퀴의 회전이 많아야 하므로 뒤 스프로킷은 작을수록 유리하다. 그에 비해 앞 스프로킷은 클수록 유리하다. 크기가 크면 힘이 많이 들겠지만 그래야 뒤 스프로킷을 여러 번 회전시킬 수 있는 회전력이 만들어지기 때문이다.

회전하는 기계의 핵심, 축

지구는 자전축을 중심으로 회전한다. 회전 운동을 하는 기계에도 중심이 있을까? 물론이다. 만약 톱날 같은 날카로운 기계가 빠른 속도로 회전할 때 중심이 제대로 잡혀 있지 않다면 큰 문제가 된다. 그 주변의 사람이 다칠 위험이 있기 때문이다. 이렇듯 회전하는 기계가 반드시 가지고 있어야 하는 중심이 바로 축이다.

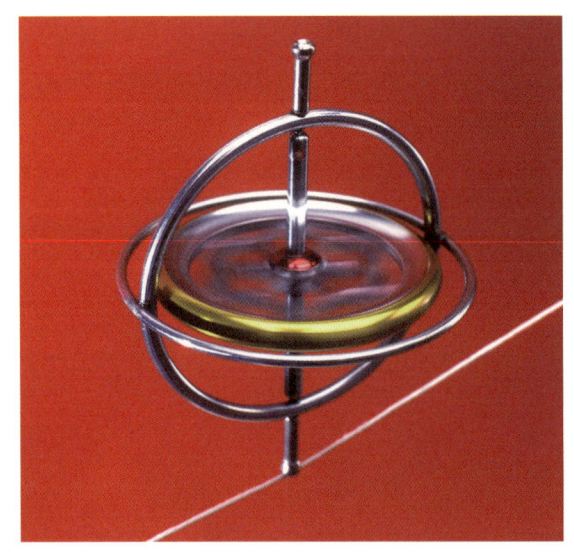

회전하는 기계는 축이 있어야 한다.

축은 용도에 따라서 차축과 전동축으로 나눌 수 있다. 차축은 두 개의 바퀴 사이에 사용되며 차의 몸체를 지탱한다. 철도 바퀴의 차축처럼 바퀴와 함께 회전하는 차축도 있고 자동차 바퀴의 차축처럼 정지한 상태로 바퀴의 중심만 잡아 주는 차축도 있다.

축을 사용하다 보면 축이 길어야 하는 경우도 있고 일직선이 아니어야 하는 경우도 있다. 하지만 축을 한없이 길게 만들 수도, 중간에 꺾어 버릴 수도 없는 노릇이다. 이럴 때 사용하는 것이 축이음이다. 축과 축을 이어 주는 부품인 축이음에는 두 축이 회전하면서 동시에 분리되게 하는 클러치와 회전할 때 분리되지 않게 하는 커플링이 있다.

축이 회전하다가 중력에 의해 또는 물체의 무게에 의해 부러지거나 금이

베어링은 축을 지지하는
역할을 한다.

갈 수도 있다. 이런 일을 막기 위해 축을 지지해 주는 부품이 베어링이다. 베어링은 회전을 원활하게 도와주는 역할도 한다. 베어링의 종류는 다양하지만 접촉하는 방식에 따라 구별하는 것이 가장 일반적이다. 접촉하는 면이 넓은 베어링을 미끄럼 베어링이라고 한다. 미끄럼 베어링은 무겁고 큰 축을 안정적으로 받쳐 주기 때문에 기계에서 많이 사용된다.

하지만 빠른 속도로 회전하는 축에서 사용하기에는 무리가 있다. 이때는 구름 베어링을 사용해야 한다. 구름 베어링은 축을 지지하고 회전을 돕기 위해 롤러나 볼을 사용한다. 따라서 미끄럼 베어링에 비해 접촉하는 면의 면적이 작아 회전 때 마찰하는 힘이 적다.

지식 더하기 ➕

선 접촉과 점 접촉

미끄럼 베어링이 축과 면 접촉을 한다면 롤러는 선 접촉을 하고 볼은 점 접촉을 한다. 구름 베어링이 마찰하는 힘이 적은 것은 그만큼 접촉하는 면적이 적기 때문이다.

기계도
힘 조절이
필요해

"즐겁게 춤을 추다가 그대로 멈춰라!" 어렸을 때 친구들과 놀이를 하며 많이 부르던 노래다. 이 놀이를 할 때 인간의 동작을 조정하는 것은 두뇌의 명령이다. 그렇다면 기계의 동작을 조정할 때는 무엇이 필요할까?

탄성을 이용해 동력을 조정하는 것을 스프링이라고 한다. 스프링은 일상 생활에 많이 사용되는 코일 스프링부터 대형차나 기차의 완충기로 사용되는 판 스프링, 태엽에 사용되는 나선형 스프링까지 그 종류와 용도가 매우 다양하다.

스프링의 역할은 크게 네 가지로 나눌 수 있다. 첫째, 탄성을 그대로 이용해 기계가 움직인 후 원래의 위치로 되돌아가도록 한다. 문에 스프링을 달아 놓으면 문이 열리는 것과 동시에 스프링이 늘어났다가 줄어들면서 문이 닫히게 한다. 둘째, 충격을 줄여 준다. 자동차가 급정거를 할 때 스프링 장치에 의해 차의 몸체가 앞으로 눌렸다가 들렸다가를 반복하면서 충격을 던다.

셋째, 에너지를 저장한다. 나선형 스프링, 즉 태엽은 감긴 상태에서는 에너지를 저장하고 있다가 풀어짐과 동시에 에너지를 밖으로 내보낸다. 장난감 자동차의 태엽을 감으면 자동차가 앞으로 나가는 것이 바로 이런 원리이다. 넷째, 힘의 크기를 측정한다. 물체의 무게를 측정하는 저울에는 스프링이 사용된다. 무게란 중력이 물체를 잡아당기는 힘과 같으므로 스프링으로 무게를 측정하는 것은 힘의 크기를 측정하는 것과 같다.

스프링은 동력을 조정할 때
많이 쓰인다.

　마찰을 이용해 기계의 속도를 줄이거나 정지시킬 때 사용되는 것은 브레
이크이다. 회전하는 물체에 블록을 닿게 해 속도를 조정하는 브레이크를 블
록 브레이크라고 한다. 회전력이 작은 기계에서 사용된다. 띠를 이용한 밴드
브레이크는 최근 유행하는 미니 자전거의 브레이크로 사용된다. 자동차같이
큰 동력을 사용하는 기계에서는 블록 브레이크나 밴드 브레이크로는 무리가
있다. 큰 제동력을 얻기 위해 발명된 브레이크가 드럼 브레이크와 디스크 브
레이크이다.

STEM 기술 속의 과학

스프링 저울과 훅의 법칙

17세기 영국의 물리학자 훅은 스프링 실험을 통해 스프링에 가한 힘이 어떤 한계
를 넘지 않는 한 스프링이 변형되는 정도는 힘의 크기에 비례한다는 사실을 발견
했다. 훅의 법칙이 적용되는 한계점을 비례 한계점이라 하며, 이 법칙을 이용해
스프링은 우리 생활의 많은 분야에 사용되고 있다.

3장

전기, 전자 회로 속 들여다보기

호기심에 작은 가전제품을 분해해 본 적이 있는가? 전기, 전자 기기의 경우 아무리 작은 제품이라도 그 내부를 들여다보면 무수히 많은 부품으로 이루어져 있다는 것을 알 수 있다. 이렇게 많은 부품들은 각각 어떻게 작동을 하며 어떤 역할을 하는지 알아보자.

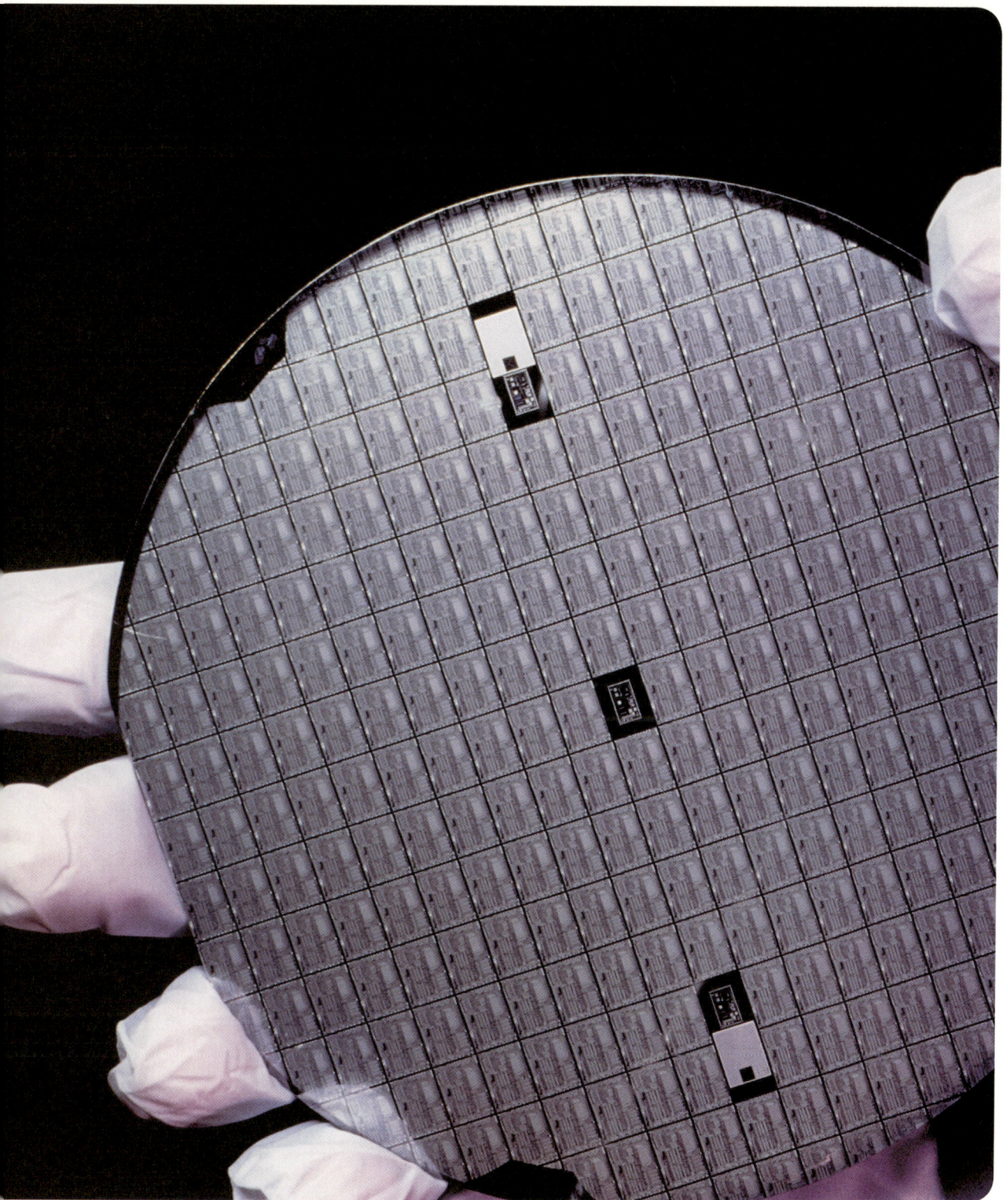

전기의
정체를 밝히다

아주 오래 전 그리스 사람들은 호박에 먼지가 달라붙는 이유는 호박에 신이 머물러 있기 때문이라고 생각했다. 그래서 호박을 부적으로 매달고 다니기도 했다. 그러나 그리스의 탈레스는 그것이 전기 현상 때문이라는 것을 발견하게 되었다. 탈레스 이후 전기 현상은 널리 알려졌다. 하지만 본격적인 연구는 시작되지 않았다. 근대에 들어서면서 전기 현상을 이용한 다양한 발명품이 나왔지만 전기의 정체가 확인된 것은 원자의 구조가 밝혀지면서부터이다.

전기 현상의 대부분은 전자의 움직임에 의해서 만들어진다. 전자는 무엇일까? 전자를 알기 위해서는 물질의 구조를 알아야 한다. 물질은 원자라는 가장 작은 부분으로 구성되어 있는데 원자는 그 안에 양성자와 전자가 있다. 양성자의 수와 전자의 수가 똑같을 때 원자는 전기적 성질을 띠지 않는다. 그런데 원자에 에너지가 가해지면 전자가 원자 밖으로 튀어나오는 경우가 있다. 이것을 '자유 전자'라고

구리를 얻는 데에
중요한 광석이 되는 황동석

한다. 자유 전자는 원자에서 원자로 옮겨 다니며 전기가 통하게 해 준다.

자유 전자를 많이 가지고 있는 물질은 전기가 잘 전달되는 성질을 가진다. 이런 물질을 도체라 하며 은, 구리, 금, 알루미늄, 철이 대표적이다. 예를 들어 전기는 구리 전선에서 매우 빠른 속도로 전달된다.

인간이 전기를 이용하기 위해서는 전기 회로가 필요하다. 전기 회로는 배터리, 전구, 스위치를 전선으로 연결해 전자가 계속 순환하도록 만든 통로라고 할 수 있다. 이것을 폐회로라 한다. 전자가 폐회로를 움직일 수 있도록 전기적인 압력을 가하는 것을 전압, 전압에 의해 전자가 움직이는 것을 전류라고 한다.

지식 더하기 +

부도체와 반도체

부도체란 전기가 흐르지 못하는 물질이다. 플라스틱, 고무, 천, 나무 같은 물질이 여기 해당된다. 반도체란 경우에 따라 도체나 부도체의 성질을 갖는 물질이다. 실리콘, 게르마늄이 반도체이다.

발전소에서
우리 집까지,
전기의 생산과 수송

우리가 집에서 쉽게 이용하는 전기는 어떻게 만들어져서 우리 집까지 오게 된 것일까? 우리나라 전기의 99퍼센트는 화력, 원자력, 수력 발전소에서 만들어진다. 화력, 원자력, 수력 발전소는 각각 석탄의 연소열, 우라늄의 핵분열, 물의 위치 에너지로 터빈을 돌려서 전기를 얻는다.

터빈의 회전력을 이용해 전기를 만드는 발전기에는 직류 발전기와 교류 발전기가 있다. 둘 다 전자기 유도 현상을 이용한다는 점은 같지만 만들어 내는 전기의 모양과 성질은 많이 다르다.

현재 우리는 교류 전기 형태로 전기를 공급받는다. 직류 전기에 비해서

보령 화력 발전소

쉽게 전압의 크기를 바꿀 수 있다는 장점 때문이다. 즉 변압기를 이용해 전압을 높여 주면 먼 곳까지 손실 없이 전달되고, 집에서도 손쉽게 원하는 전압으로 바꿀 수 있다. 교류 전기는 직류 전기로 간단하게 바꿔 쓸 수도 있다. 텔레비전이나 컴퓨터는 플러그를 통해 교류 전기를 받아서 각 부분에 적합한 다양한 전압의 직류 전기로 바꾼다.

플러그

교류 전기의 또 다른 장점은 쉽게 움직임을 만들 수 있다는 사실이다. 또 교류 전기를 사용하는 전동기는 구조가 간단해서 값이 싸고 오래 쓸 수 있다. 반면 직류 전기는 정밀한 제어를 해야 하는 전자 기기에서 많이 사용된다.

발전기에서 만들어진 전기는 바로 가정에 전달되지 못한다. 바로 전달하면 구리선의 전기 저항으로 전기가 먼 곳까지 이동하는 도중에 열로 모두 사라지기 때문이다. 그래서 변압기를 이용해 전압을 높이고 전류를 줄여서 전기를 옮긴 다음, 가정에 도착하면 전압을 낮춘다. 이 과정을 송전과 배전이라고 한다.

우리나라의 송전선과 배전선은 모두 하나로 연결되어 있어서 생산량과 소비량에 따라 전기를 적절히 분배하고 전기의 성질을 고르게 만들어 준다. 전기는 저장하는 것이 어려워서 생산되면 즉시 소비되는 특성이 있기 때문에 한국 전력 거래소라는 기관에서 전국에서 일어나는 전기의 생산과 소비를 관리한다.

STEM 기술 속의 과학

교류 전기와 삼각함수 그리고 벡터

교류 전기는 시간에 따라 전기의 크기와 방향이 변화하는(벡터의 특성) 복잡한 성질을 가지고 있다. 교류 전기가 변화하는 모습이 정현파(sin파)가 변화하는 모양과 같다. 또한 교류 전기는 크기와 방향이 시간에 따라 바뀌어 수학적으로 표시할 때는 매번 벡터 값으로 나타내 줘야 한다. 따라서 교류 전기의 성질을 잘 이용하기 위해서는 수학의 삼각함수와 벡터에 대한 이해가 있어야 한다.

전기, 전자 기기를
분해하면
뭐가 나올까?

전기를 공급해 주면 전기, 전자 기기의 부품들이 작동한다. 이러한 부품에는 저항기, 코일, 콘덴서, 다이오드, 트랜지스터, 집적 회로(IC), 대규모 집적 회로(LSI) 등이 있다.

대부분의 물체는 전기 저항을 가지고 있다. 전기 저항은 전기의 흐름을 방해하는 성질이다. 그래서 나온 부품이 저항기이다. 저항기는 전압과 전류의 흐름을 조절한다. 또한 콘덴서나 코일과 함께 쓰이며 신호의 모양을 변화시키는 작용도 한다.

코일이란 전선을 원통 모양으로 감아 놓은 것으로, 전류가 흐르면 주변에

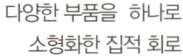

다양한 부품을 하나로
소형화한 집적 회로

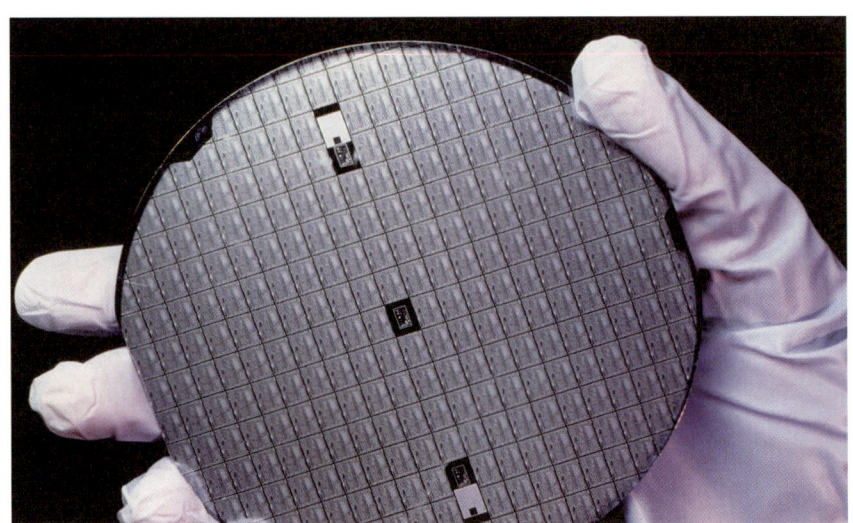

자기장을 만드는 부품이다. 전동기에서는 코일을 이용해 회전력을 만들고, 발전기에서는 코일과 영구 자석을 이용해 전기를 만들고, 변압기에서는 코일을 이용해 전압과 전류의 크기를 바꿔 준다.

콘덴서는 두 개의 금속판을 맞대어 놓은 것이다. 이 금속판 사이에서 전기를 모으는 충전 작용과 전기를 내보내는 방전 작용이 이루어진다. 콘덴서에 전기가 충전되는 동안은 전류가 흐르지만 충전이 다 된 후에는 전기가 흐르지 못한다. 이러한 성질을 전자 회로에서 다양하게 이용하고 있다.

다이오드는 N형, P형 반도체를 접합한 것이다. N형 반도체는 전자가 남고 P형 반도체는 전자가 모자라는 성질을 갖는다. 이것을 접합시키면 전류를 한쪽으로는 흐르게 하고 반대 방향으로는 흐르지 못하게 한다. 다이오드의 이런 특징은 교류 전기를 직류 전기로 만드는 데 쓰인다.

트랜지스터는 N형, P형 반도체가 샌드위치 형태로 번갈아 접합한 P-N-P, N-P-N 형태로 이루어진 것이다. 그래서 외부와 연결할 수 있는 부분도 세 개의 부분이며 각각을 이미터, 베이스, 컬렉터라고 한다. 트랜지스터는 전기 신호를 증폭하는 특성을 가지고 있다.

집적 회로라는 것은 저항, 콘덴서, 다이오드, 트랜지스터 등의 부품들을 손톱만 한 하나의 부품으로 소형화시켜 놓은 것이다. 집적 회로를 이용함으로써 전기, 전자 기기를 작고 가볍고 싸게 대량으로 만들 수 있게 되었고 신호를 더 빨리 처리할 수 있게 되었다. 요즘 나오는 전기, 전자 기기가 인공 지능을 갖고 있다고 말하는 것은 집적 회로가 발달했기 때문에 가능한 일이다.

지식 더하기 +

트랜지스터의 어원은?
트랜지스터(transistor)는 '변화시키다'라는 뜻의 trans와 '저항'이라는 뜻의 resistor가 합해진 말이다. 따라서 트랜지스터란 저항을 바꿔서 신호를 전달한다는 의미인 셈이다.

밥솥과 청소기를
병렬로 연결해야
하는 이유

전기, 전자 기기는 전기가 공급되지 않는다면 그저 무용지물에 지나지 않는다. 전기, 전자 기기를 움직이게 해 주는 전기의 흐름에 대해 살펴보자.

전기가 작용하기 위해서는 폐회로가 구성되어야 한다. 폐회로에서 전압, 전류, 저항의 관계를 설명하는 가장 기본이 되는 법칙이 옴의 법칙이다. 옴의 법칙은 물과 비교해서 보면 이해하기 쉽다. 수압이 높을수록 물의 흐름이 빨라져 물레방아를 힘차게 돌릴 수 있듯이, 전기도 전압이 높을수록 전류가 많이 흘러서 더 많은 일을 할 수 있다. 그런데 수압은 예전과 같은데 물레방아의 크기만 커진다면 흐르는 물의 속도가 느려질 것이다. 전기에서도 전압은 일정한데 저항이 커지면 전류의 양은 줄어들게 된다. 이것이 옴의 법칙으로서 정리해 보면 '전류의 세기는 전압에 비례하고, 저항에 반비례한다.'라고 표현할 수 있다.

회로를 해석하는 데 옴의 법칙만큼 기본이 되는 법칙이 키르히호프 법칙이다. 여기에는 전압 법칙과 전류 법칙

물레방아의 원리와 비교하면
옴의 법칙을 이해할 수 있다.

이 있다. 전압 법칙은 회로 안에 임의의 점에 흘러 들어오는 전류의 총합과 흘러 나가는 전류의 총합은 동일하다는 것이다. 전압 법칙은 회로 안의 임의의 폐회로에서 생기는 전압을 올려 주는 성분의 총합과 전압을 내려 주는 성분의 총합은 같다는 것이다. 키르히호프 법칙과 옴의 법칙을 이용할 경우 꼬마전구가 몇 개씩 직렬, 병렬, 혼합 연결되어 있어도 각 전구에 흐르는 전압과 전류를 계산하는 방법은 같다.

키르히호프

전구에 흐르는 전압과 전류를 알면 소비 전력을 알 수 있다. 소비 전력이란 전구가 빛을 내는 일을 하는 데 필요한 전기를 나타낸다. 소비 전력이 큰 전구는 빛을 내기 위해 많은 전기를 소모하고 더 밝게 빛난다. 하지만 전구의 정격 전력이 같아도 병렬연결 회로의 전구가 직렬연결 회로의 전구보다 네 배나 밝다. 각 전구에 흐르는 전류와 전압을 계산해 보면 소모되는 전력이 네 배 차이가 나기 때문이다.

우리가 집에서 전구를 켜고, 콘센트에 전기밥솥, 전기 청소기를 꽂아서 사용하는 것은 직렬연결일까, 병렬연결일까? 전기가 흐르는 길이 여러 개인 병렬로 연결되어야 전기, 전자 기기에 들어가는 전압과 전류가 약해지지 않는다. 만약 직렬로 연결되어 있다면 전기, 전자 기기를 많이 연결할수록 전압과 전류가 약해질 것이다. 하지만 병렬로 연결할수록 전선에 흐르는 전류가 많아지고 열이 많이 발생하므로 하나의 콘센트에 너무 여러 개의 전기, 전자 기기를 연결하면 위험할 수 있다.

소비 전력이 클수록
전구는 밝게 빛난다.

4장

전기의
다양한 활약상

우리 주위에서 전기는 참으로 다양한 일을 하고 있다. 우리가 미처 생각하지 못한 부분에도 지금 이 순간 전기가 흐르며 제 몫을 해내고 있다. 전기가 하는 수많은 일에는 무엇이 있으며 각각 어떤 방법이 바탕이 되어 있는지 살펴보자.

전기를
물처럼 저장한다?

요즘은 친환경 사업이 뜨고 있다. 친환경 사업의 핵심은 에너지 절약이다. 이러한 흐름과 전기는 어떤 관련이 있을까?

우리가 등산을 할 때 물통에 물을 담아가듯 전기도 필요할 때 사용할 수 있도록 저장한다면 좋을 것이다. 우리나라는 전력 사용량이 계절에 따라 그리고 시간에 따라 큰 차이를 보인다. 따라서 전기를 원활히 공급하기 위해서는 최대 사용량보다 많은 전기를 생산할 수 있는 설비를 갖추어야 하는데 그러면 계절별, 시간별로 남는 전기가 발생하게 된다. 만약 남는 전기를 효율적으로 저장할 수 있다면 발전소를 덜 건설해도 되고 태양과 바람을 이용한 발전도 빛을 볼 수 있을 것이다.

전기를 저장하는 방법으로 현재 많이 쓰이는 것이 양수식 발전이다. 밤에 남는 전기를 이용하여 물을 퍼 올렸다가 전기가 모자라면 물을 흘려보내 전기를 생산하는 방식이다. 초전도 현상을 이용해 전기를 저장할 수도 있다. 남는 전기를 이용해 마찰이 없는 상태에서 거대한 원통 같은 물체를 회전시켜 준다. 이때 초전도 현상을 이용하면 강한 자기장을 이용해 무거운 원판이 공중에 띄워진다. 따라서 마찰이 없기 때문에 운동 에너지의

리튬이온 전지

손실이 없고, 필요할 때 회전력을 다시 사용할 수 있게 된다.

앞으로 전기 공급 시스템이 지능화되고 전기 자동차가 많이 보급되면 전기 요금이 싼 시간대에 전기 자동차의 배터리에 전기를 저장해 두었다가 되팔 수 있는 시대가 올 수도 있다.

전기를 만들어 내는 전지는 우리가 생각하는 것보다 종류가 많고 그 특성도 다양하다. 크게 나누어 보면 화학 반응을 통해 전기를 만드는 화학 전지와 열에너지나 빛에너지를 이용하는 물리 전지가 있다. 화학 전지는 충전 여부에 따라 1차 전지, 2차 전지 그리고 연료 전지로 구분된다. 1차 전지로는 망간 건전지, 알칼리 건전지, 리튬 전지가 있으며 아무 데나 버릴 경우 환경을 오염시키기 때문에 반드시 분리수거를 해야 한다.

그에 비해 2차 전지는 전기를 충전하여 재사용이 가능한 전지로써, 휴대폰이나 노트북 같은 곳에는 2차 전지의 하나인 리튬이온 전지가 많이 사용된다. 리튬이온 전지는 가벼우면서도 전기도 많이 저장하고 충전할 수 있는 횟수도 많다.

STEM 기술 속의 과학

볼타 전지의 화학 반응

볼타 전지는 19세기에 이탈리아의 물리학자 볼타가 만들었다. 묽은 황산 용액을 전해질로 하고 동판을 양극, 아연판을 음극으로 해서 만든 전지이다. 볼타 전지 내부에서 화학 반응이 일어나는 이유는 물질이 더 안정적인 상태로 존재하기 위해서 물질의 결합을 바꾸기 때문이다. 전자를 내보내고 얻는 과정에서 새로운 물질이 생성되고 고체가 물속에 녹아 들어가게 된다.

이러한 이유로 공기 중에서 안정된 상태로 있던 황산이 물속에 들어가면 전자를 잃거나 얻어서 수소 이온과 황산 이온이 되고, 아연판은 황산 용액에 녹게 되고, 동판에서는 수소 가스가 발생한다.

만져도
손을 데지 않는
조리 기구

옛날에는 부엌에서 나무를 태워 얻은 열로 조리를 했다. 그래서 밥을 지을 때마다 매캐한 연기를 마셔야 했다. 하지만 요즈음은 가스레인지와 전기를 이용해 조리하고 있다. 전기는 어떻게 열을 만들고 조절할까?

가스레인지뿐 아니라 다리미, 전기난로, 헤어드라이어같이 전기로 열을 내는 기기들은 대부분 니크롬선이나 철크롬선같이 저항이 큰 도선을 코일 형태로 감아 열을 발생시킨다. 이때 전열선을 이용한 저항 가열을 외부와 차단시켜 완전히 절연되게 만들고 전선이 산화되어 끊어지는 것을 막아 주는 부분을 시즈히터라고 한다. 또 발생하는 열을 일정하게 유지시켜 주는 서모스탯이라는 장치도 있다. 서모스탯은 팽창률이 다른 두 개의 금속이 접합된 것이다. 열 감지 센서로서 서모스탯은 정해진 온도에 달하면 열 팽창에 의해 금속의 모양이 변형되

주방의 가스레인지는 대부분 저항이 큰 도선을 이용한다.

면서 접속을 끊고, 온도가 식으면 다시
연결되게 하는 원리로 온도를 유지시켜 준다.

전자 유도 현상으로 열을
발생시키는 IH 조리기

가스레인지보다 더 안전하고 효과적으로 열을 발생시
킬 수 있는 IH(Induction Heating) 조리기가 전기밥솥 같은 곳
에 많이 쓰이고 있다. IH 조리기는 전자 유도 현상을 이용해 열
을 발생시키는 것이다. 코일에 교류 전기를 흘려보내면 코일 주변에 움직이는
자기장이 생성되고 금속 그릇에 맴돌이 전류가 발생하면서 열이 나는 방식이
다. IH 조리기는 금속 그릇에만 작용하기 때문에 화상을 입을 위험이 적고, 전
기에서 열에너지로의 변환 효율이 좋고, 고르게 가열하는 장점이 있다. 하지만
가열할 때 유리나 뚝배기 같은 다양한 그릇을 사용할 수 없다는 단점도 있다.

지식 더하기 ✚

더욱 편리한 전자레인지
전자레인지도 전기를 이용해 음식물을 가열한다. 전기 에너
지를 전파의 형태로 물에 전달해 물 분자를 빠르게 진동시킴
으로써 가열하는 것이다. 음식물 내부와 외부를 동시에 가열
할 수 있기 때문에 속도가 빠르다. 하지만 전자레인지에 금
속 물질을 넣으면 전기 불꽃이 튀기 때문에 주의해야 한다.

전기로
소리와 빛을
만들다

전기로 소리를 만드는 기기는 스피커이고, 전기로 빛을 만드는 기기는 조명이다. 각각 어떤 원리를 이용한 것인지 들여다보자.

넓은 장소에서 마이크를 사용하면 작은 목소리로 말해도 큰 소리로 바뀌어 맨 뒤에 있는 사람들까지 들을 수 있게 된다. 소리를 크게 만들기 위해서는 먼저 소리가 무엇인지 알아야 한다. 북을 예로 들어 보면, 북을 칠 때는 북의 가죽 판이 떨리면서 공기를 때리게 된다. 그에 따라 공기가 귀의 고막을 진동시켜 우리는 소리를 파악한다. 소리를 크게 만들기 위해서는 이런 과정을 동일하게 거쳐야 한다.

서울시 서초구에서 펼친 '오색 별빛 축제'에서 빛을 밝히는 2,300여개의 발광다이오드(LED) 조명

마이크는 마이크로폰, 증폭기, 스피커로 이루어져 있다. 마이크로폰은 목소리가 만들어 내는 공기의 진동을 감지해 전기 신호로 만든다. 증폭기에서는 작은 전기 신호를 크게 만들고, 스피커에서는 전기 신호를 받아 얇은 막을 떨리게 해서 소리를 낸다. 마이크로폰과 스피커 모두 전자 유도 현상을 이용해 작동한다. 마이크

는 영구자석과 코일이 상호 운동을 해서 전기를 발생시키는 것이고, 스피커는 반대로 영구 자석 안의 코일에 전류를 흘려보내 코일을 움직이는 것이다.

마이크로폰에서 만들어진 전기 신호는 매우 약하기 때문에 신호를 증폭해야만 스피커의 코일을 떨리게 만들 수 있다. 전기 신호를 증폭할 때 핵심적인 부분이 트랜지스터이다. 전기 신호가 트랜지스터를 지나가면 무조건 커져서 나오는 것이 아니라, 외부에서 가해지는 전원을 바탕으로 커진다.

다음으로 조명을 살펴보자. 조명은 등불에서 시작해 18세기의 가스등과 아크등, 19세기의 백열전구, 20세기의 형광등, 21세기의 LED 조명으로 발달해 왔다. 백열전구는 저항이 큰 필라멘트에 전류를 흘려보내서 온도를 2500도까지 올려 빛을 발생시킨다. 이 과정에서 95퍼센트의 에너지를 열로 잃어버리기 때문에 매우 비효율적이다. 그래서 우리나라에서는 환경을 위해 얼마 후부터 백열전구를 생산하지 않을 예정이다. 형광등은 방전과 형광 물질을 이용해 빛을 만들어 낸다. 열을 손실하지 않아 효율적이고 백열전구에 비해 수명도 길다.

등유를 사용한 램프

차세대 조명으로는 LED가 각광받고 있다. 다이오드에 전류를 흘려보낼 때 빛이 발생하는 빨강색 LED가 1960년대에 처음 나왔다. 이때는 가격이 너무 비쌌지만 반도체 기술이 발달하면서 2000년대 이후로 LED가 일반적으로 사용되기 시작했다. LED의 장점은 형광등만큼 적은 전기로 많은

지식 더하기 +

다재다능한 LED
LED는 조명뿐 아니라 텔레비전 화면, 식물 재배용 인공 빛, 물고기 유인 조명 등 다양한 곳에서 사용된다. 또 의복이나 건축 등의 예술 도구로도 사용되어 우리 생활을 크게 변화시키고 있다.

빛을 발생시킬 수 있는 네다 수명이 형광등의 5배에 달하다는 점이다. 또한 충격에 강하고, 다양한 색깔의 빛을 만들 수 있으며, 아주 작은 크기로도 제작할 수 있는 것도 큰 장점이다.

선풍기와
에어컨에
숨은 원리

무더운 여름이 와도 우리는 선풍기나 에어컨 덕분에 시원하고 쾌적한 실내에서 지낼 수 있다. 밖은 더운데 실내는 시원하게 만들 수 있는 원리는 무엇일까?

전기를 사용하는 기계가 움직임을 만들기 위해서는 전동기의 동력을 필요로 한다. 전동기는 전기 에너지를 이용해 쉽게 회전 운동 등 다양한 움직임을 만들 수 있다. 전동기는 사용하는 전기의 종류에 따라 직류 전동기와 교류 전동기로 구분된다. 두 전동기는 모두 플레밍의 왼손 법칙에 따라 회전하지만 그 구조와 특성에서 많은 차이가 난다. 직류 전동기는 구조가 복잡하

간이 전동기

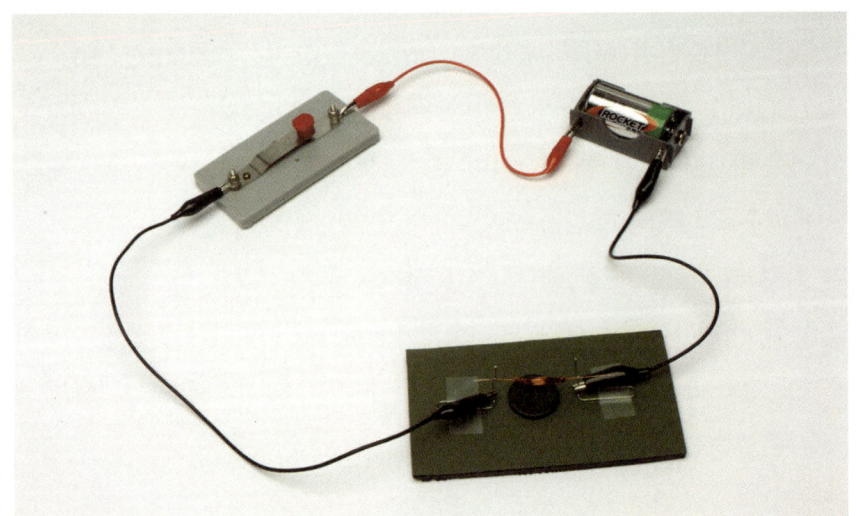

지만 쉽게 속도를 바꿀 수 있고 회전력이 좋아서 전동차, 전기 드릴 같은 곳에 사용된다. 교류 전동기는 구조가 간단하고 고장이 적어서 세탁기, 냉장고 등에 사용된다. 선풍기는 바로 이 교류 전동기를 이용해 날개를 돌린다.

선풍기보다 훨씬 강력한 기능을 가진 에어컨은 어떻게 작동할까? 에어컨이 작동하는 데 핵심적인 역할을 하는 것이 전동기다. 에어컨 속의 전동기는 전기 에너지로 기체를 압축하고, 바람을 만들어 열의 이동이 원활히 이루어지게 한다.

에어컨이 움직이는 과정은 다음과 같다. 먼저 압축기에서 냉매 가스를 강하게 압축해 고온 고압 상태로 만든다. 70~80도에 이르는 냉매가 응축기의 관을 흐르면서 식어서 중온 고압의 액체 상태가 된다. 팽창 밸브는 응축기에서 나온 중온 고압의 액체 냉매가 압력이 낮은 곳으로 나오도록 한다. 팽창 밸브에서 나온 수증기 같은 차가운 냉매액이 증발관 안에서 열을 빼앗아 기체가 된다. 그러면 에어컨에 달린 팬이 내부 공기를 순환시켜 실내 온도를 낮추고, 공기를 정화시키고, 습도도 조절해 주는 것이다.

STEM 기술 속의 과학

전동기의 힘을 결정하는 요소

전동기는 사용하는 곳에 따라 다른 성능이 필요하다. 회전력이 강한 전동기, 빠르게 회전하는 전동기, 속도 제어가 쉬운 전동기, 정밀하게 움직이는 전동기 등 다양한 특성을 갖는 전동기가 있다. 그중에서 직류 전동기의 힘을 결정하는 요소로는 자기장의 세기, 코일에 흐르는 전류의 세기, 자기장의 영향을 받는 코일의 길이, 코일과 자석 사이의 거리 이 네 가지를 들 수 있다. 이 네 요소를 정밀하게 조절할 수 있는 기술이 있으면 힘센 전동기를 만들 수 있다.

컴퓨터와
이진법

우리는 컴퓨터로 과거에는 상상도 하지 못했던 다양한 작업을 하고 있다. 그런데 우리가 키보드를 누르면 컴퓨터 속에서 어떤 일들이 일어나는 것일까? 컴퓨터 본체를 열어 보면 저항, 콘덴서, 코일, 트랜지스터, IC 등 다양한 부품이 가만히 붙어 있다. 움직이는 것은 열기를 식혀 주기 위해 돌아가는 팬뿐이다. 이렇게 부품은 움직임이 없지만 부품 속에서는 전자가 움직이면서 많은 일들이 일어나고 있다.

컴퓨터 내부의 부품

컴퓨터가 이해할 수 있는 정보는 2진법의 0과 1이란 값뿐이다. 다이오드, 트랜지스터, 콘덴서에 흐르는 전류를 조절해 0과 1을 표현할 수 있다. 우리가 키보드를 누르고 마우스를 움직이면 모두 오로지 0과 1의 조합으로 표현되어 입력되는 것이다. 컴퓨터를 사용하기 위해서는 윈도우와 같은 소프트웨어가 필요한데 이런 프로그램들 또한 0과 1로 표현되어 하드디스크에 저장되어 있다. 기술이 발달했으므로 2진법이 아니라 10진법을 쓰면 좋지 않을까 생각될 수도 있겠지만 컴퓨터가 안정적으로 정보를 표현하는 데는 10진수보다 2진수

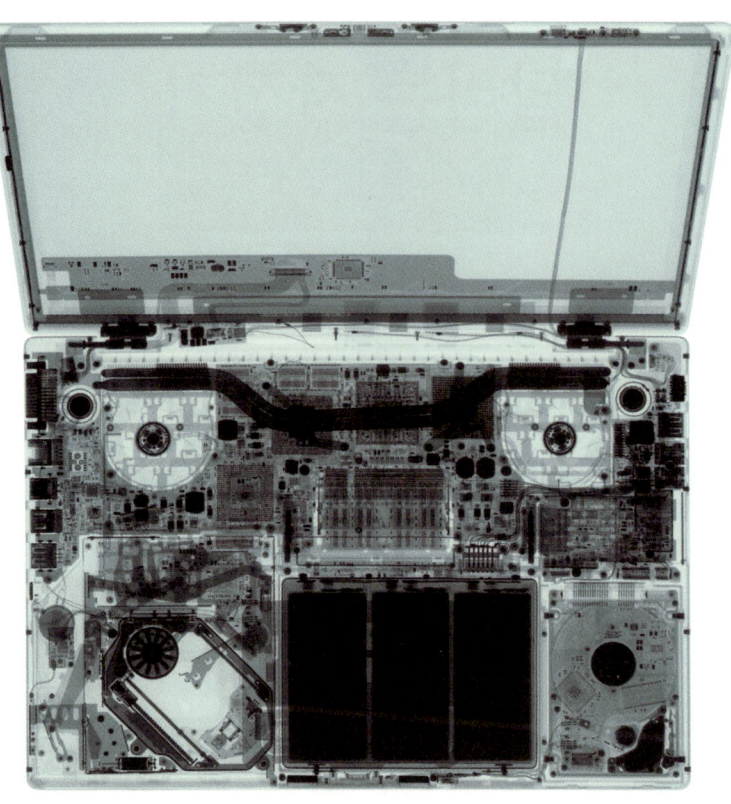
컴퓨터를 X-ray로 촬영한 모습

가 더 적합하기 때문에 현재도 2진수가 이용되고 있다.

컴퓨터의 키보드를 통해 입력된 정보들은 비교, 판단, 계산의 과정을 거쳐 출력을 하게 된다. 아무리 복잡한 정보를 다루는 복잡한 디지털 회로도 기본적으로 논리 회로의 조합으로 이루어져 있다. 논리 회로는 다이오드, 트랜지스터, 저항 같은 것들로 이루어져 있고 이 조합으로 마이크로칩, CPU(중앙 처리 장치)가 만들어진다. 현재는 기술의 발달로 고밀도 칩 한 개에 다이오드, 트랜지스터 같은 부품들을 10만 개 이상 넣을 수 있게 되었다. 덕분에 아무리 복잡한 과정도 눈 깜짝할 사이에 처리할 수 있는 것이다.

지식 더하기

컴퓨터의 속도를 결정하는 것
CPU의 동작 주파수는 컴퓨터의 속도에 영향을 준다. 예를 들어 2기가헤르츠(GHz)의 CPU라는 것은 초당 20억 번꼴로 0과 1을 판단할 수 있다는 말이다.

전기로
달리는 자전거

자전거가 친환경 운송 수단으로 큰 각광을 받고 있다. 도시마다 자전거 도로를 정비하고 자전거 타기를 장려하고 있다. 하지만 자전거는 먼 거리까지 가기는 어렵다는 단점이 있다. 이런 문제점을 해결한 것이 전기 자전거이다. 전기 자전거는 적은 힘을 들이면서도 먼 곳까지 갈 수 있고, 운행 과정에서 배기가스가 없다. 또한 전기 충전 비용도 대중교통에 비해 싸다.

전기 자전거의 각 부분이 어떻게 작동하는지 살펴보자. 배터리는 가장 중요한 부분 중 하나이다. 배터리의 종류에 따라 자전거의 성능에 많은 차이가

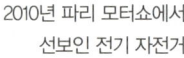
2010년 파리 모터쇼에서
선보인 전기 자전거

난다. 자동차에 들어가는 납산 배터리를 사용할 경우 3~4시간 충전으로 20 킬로미터 정도 운행할 수 있지만, 핸드폰에 들어가는 리튬이온 배터리를 사용할 경우 2~3시간 충전으로 30~40킬로미터도 갈 수 있다. 무게도 리튬이온 배터리가 납산 배터리의 3분의 1정도로 가볍다. 전기 자전거는 배터리를 전원으로 사용하기 때문에 직류 전동기를 사용한다. 전동기의 속도가 빨라 기어를 이용해 감속을 해 준다. 그래서 감속 직류 전동기라고 한다.

페달 보조 시스템은 페달이 구르는 속도와 힘을 자기 센서로 측정하고, 그 값을 분석해 전동기가 얼마나 회전할지 결정해 준다. 전동기의 힘이 페달을 구르는 힘을 보조하기 때문에 큰 힘을 들이지 않고 언덕에서든 평지에서든 일정한 속도로 이동하게 된다. 컨트롤 박스는 전동기의 작동을 켜고 끄는 부분이다. 또한 외부에서 들어오는 전기 신호로 전동기의 회전수를 제어한다.

손잡이 부분에서는 속도계와 거리계가 앞바퀴에 부착된 자기 센서를 통해 바퀴의 회전수를 측정해 운행 속도와 운행 거리를 알려 준다. 또한 스로틀이라는 부분은 손잡이를 회전시켜 전동기를 작동시킨다. 스로틀은 전압을 변화시켜 컨트롤 박스로 보내는 일을 한다.

이런 원리로 움직이는 전기 자전거는 장거리도 크게 힘들이지 않고 갈 수 있다는 큰 장점이 있다. 하지만 전동기를 움직이는 데 필요한 충전지의 가격이 비싸고 사용 시간도 짧으며, 전기를 사용해 움직이기 때문에 비가 오는 경우에는 사용하기 어렵다는 단점도 있어 사용 인구 확산을 위해서는 앞으로 더 많은 기술 개발이 필요하다.

지식 더하기 ✚

전기 자전거에서 전동기의 위치

전기 자전거는 전동기의 위치에 따라 운전 특성이 조금씩 달라진다. 전동기가 크랭크축에 연결된 전기 자전거는 기어 변속을 이용해 힘을 조절하기 좋고, 사람의 힘으로만 구를 때 힘이 적게 든다. 전동기가 뒷바퀴 축에 연결된 전기 자전거는 안정적으로 주행이 가능하지만 정비하는 데 어려움이 있다. 전동기가 앞바퀴 축에 연결된 전기 자전거는 전동기를 부착하는 것이 쉽고 정비하기가 수월하다.

기계
<u>스스로</u> 일하는
자동 제어

비행기의 자동 항법 시스템은 사람보다 더 정확하게 외부 환경을 인지하고 비행기가 목적지까지 무사히 도착할 수 있게 한다. 기계를 제어한다는 것은 이렇게 원하는 대로 동작되도록 조작하는 것을 의미한다.

제어에는 크게 두 가지가 있다. 인간이 판단하고 조작하는 것을 수동 제어, 순수하게 컴퓨터와 기계에 의해서 판단하고 조작하는 것을 자동 제어라 한다. 일상생활 속에서 샤워기 물의 온도를 맞추고 자전거를 타는 것은 수동 제어이고, 실내 온도를 감지하고 자동으로 보일러를 작동시켜 적정 온도를 유지하는 것은 자동 제어에 해당된다. 이런 자동 제어 기술은 편리성과 안정

인공위성은 자동 제어를 통해 궤도를 이탈하지 않도록 조정한다.

성을 가져다주고, 사람이 할 수 없는 위험한 일까지 가능하도록 해주기 때문에 많은 곳에서 사용되고 있다.

자동 제어도 두 가지 종류가 있다. 첫 번째 방법은 순차 제어 방식이다. 예를 들어 세탁기가 빨래감의 상태와는 무관하게 정해진 순서대로 불림, 세탁, 헹굼, 탈수의 과정을 거치는 것이다. 이런 방법은 간단하게 제어가 가능하고 비용도 적게 든다. 두 번째 방법은 피드백 제어 방식이다.

예를 들어 유도 미사일처럼 목적지를 설정한 다음 그 과정에서 발생하는 바람, 대기의 상태를 실시간으로 측정해서 비행경로를 수정하며 목적지에 도달하도록 하는 것이다. 방법은 복잡하지만 보다 정확한 제어가 가능하다.

자동 제어가 가능해진 것은 반도체 기술의 발달 덕분이다. 오늘날에는 조그만 반도체 칩 하나만으로도 많은 기능을 수행할 수 있고, 반도체의 가격도 낮아져서 자동 제어 기술은 전기, 전자 기기의 거의 모든 부분에 적용되고 있다. 인공위성의 경우 시간이 지남에 따라 조금씩 지구 쪽으로 떨어지게 된다. 하지만 혹시나 인공위성이 지구로 떨어질까 걱정하지 않아도 된다. 인공위성의 자동 제어는 센서를 이용해 현재 위치를 파악하고 목표 궤도와 맞지 않으면 스스로 바로잡기 때문이다.

인간과 자동 제어의 비교

인간	**인간의 감각** 보고, 듣고, 느끼고, 냄새 맡는 것	**신경계** 정보를 신호로 만들어 두뇌로 전달	**두뇌** 정보를 판단하여 명령을 내림	**신경계** 명령을 신호로 전달	**팔, 다리** 움직임
자동 제어	**센서** 감지	**신호 변환 장치** 신호의 증폭, 변환	**마이크로 프로세서** 판단, 명령	**신호 변환 장치** 신호의 증폭, 변환	**동작 기관** 모터의 회전 같은 동작

주변을
알아채는 센서

건물에는 화재가 발생하면 자동으로 감지해 스프링클러에서 물을 뿌려 주는 설비가 있다. 자동차는 외부 환경을 인지해 스스로 운전할 수 있도록 하는 방법이 개발되고 있다. 무엇이 이런 일을 가능하게 해 주고 있을까?

우리가 주변 환경을 인식하고 반응하는 것은 오감이 있어서 가능하다. 마

빵과 음료를 대접하는
휴머노이드 로봇 '마루-Z'

찬가지로 전자 기계가 주변을 알 수 있는 것은 센서라는 부품이 있기 때문이다. 센서란 온도, 압력, 물의 양, 소리, 빛, 전파의 강도 등을 감지해 전기 신호로 변환하는 부품을 말한다. 비슷한 기능을 하더라도 전기 신호를 이용하지 않는다면 센서가 아니다. 예를 들어 일반적인 온도계는 알코올이나 수은이 부피가 변화하는 정도를 측정해 온도를 알려 주는데 이런 것은 센서라고 하지 않는다.

센서는 전자 기계를 적절히 작동하도록 하기 위해 주변의 환경, 기계의 상태 등을 감지해 알려 준다. 센서의 전기 신호를 가지고 마이크로프로세서에서 판단을 내려 각 부분에 동작을 명령하게 된다. 컴퓨터가 인간의 두뇌라면 센서는 인간의 오감에 해당되는 셈이다. 컴퓨터가 아무리 발달해도 센서가 없으면 그 기능을 발휘할 수 없다.

우리 주변에서 센서가 들어간 전자 기계를 찾는 것은 별로 어려운 일이 아니다. 자동차에는 100개 이상의 센서가 들어가 있다. 로봇 청소기, 세탁기, 텔레비전, 다리미 등 많은 가전 기기에서 센서를 이용해 더욱 뛰어난 기능을 발휘하고 있다. 인간을 닮은 전자 기계인 휴머노이드 로봇은 다양한 센서를 이용해 외부 환경을 이해하고 자신의 상태를 점검한다. 휴머노이드 로봇에서 시각은 광센서, 청각은 음향 센서, 촉각은 온도 센서와 압력 센서, 후각은 냄새 센서, 미각은 맛 센서이다.

지식 더하기 +

다양한 센서들

중력 센서는 중력의 방향을 탐지할 수 있다. 핸드폰의 화면을 돌리면 스스로 화면을 회전하는 것은 중력 센서 덕분이다.

자기 센서는 자석에서 발생하는 자기장을 측정할 수 있다. 자석이나 코일에서 발생하는 자기장을 파악할 수 있어 많은 곳에서 사용되고 있다. 마트의 물품 도난 방지 시스템, 의료 기기인 자기공명장치(MRI), 자동차의 속도 확인 같은 것이 대표적인 예이다.

가속도 센서는 이동하는 물체의 가속도나 충격을 감지할 수 있다. 자동차의 에어백 시스템, 비행기와 선박의 운행 시스템에서 많이 사용된다.

5장

로봇의 시대

로봇의 정의는 JIRA(일본 로봇 산업 협회), RIA(미국 로봇 산업 협회), IFR(국제 로봇 연합) 등에서 각각 다르게 내리고 있으나, 대체적으로 '프로그래밍이 가능하고 자동화된 기계'를 가리킨다. 우리는 로봇 하면 아톰, 태권브이같이 인간을 닮은 기계를 떠올리지만, 실제로는 매우 다양한 로봇들이 있다. 지금부터 로봇의 세계를 들여다보며 로봇이 우리와 얼마나 가까운 곳에 존재하고 있는지 살펴보자.

로봇,
세상과 마주하다

로봇이라는 단어는 '일한다', '노예'라는 의미를 갖는 체코어 'robota'에서 유래했다. 1920년 체코슬로바키아(현재의 체코와 슬로바키아)의 작가 카렐 차펙의 희곡 〈로섬의 만능 로봇〉에 로봇이라는 말이 처음 등장했다고 한다.

로봇 발달에 기여한 오토마타는 오늘날에도 꾸준히 만들어진다.

이미 약 3000년 전에도 사람들은 인간의 행동을 모방한 기계를 상상하곤 했다. 고대 이집트인들은 줄을 이용해 움직이는 인형을 만들었다. 1700년대 유럽에서는 오토마타가 인기를 끌었다. 오토마타란 사람 또는 동물의 행동을 모방한 기계적 장치인데, 가장 인기 있는 오토마타는 프랑스의 기술자 자크 드 보카송이 만든 오리 모양의 오토마타였다. 이것은 진짜 오리처럼 걷고 날개를 움직일 수 있었다. 오토마타는 실용적인 쓰임새는 없었지만 로봇 기술의 발달에 많은 영향을 끼쳤다.

로봇이 급속하게 성장하게 된 것은 컴퓨터의 개발 덕분이다. 컴퓨터가 등장해 로봇 시스템을 제어하게 되면서 다양한 로봇이 나오게 되었다. 초기 1세대 로봇은 공장의 일을 위해 설계되었다. 사람이 직접 하기에는 위험하거나 불편한 작업이 로봇에게는 간단히 처리할 수 있는 일이었다. 이런 종류의 로봇은 가장 단순한 형태지만 지금도 많은 공장에서 사용되고 있다.

2세대 로봇은 다양하고 민감한 센서를 갖고 있어 조금 더 복잡한 일을 수행할 수 있고, 환경을 감지하고, 환경 변화에 반응한다. 예를 들어, 자동차가 없으면 알아서 기다렸다가 자동차가 있으면 페인트칠을 하는 것이다.

3세대 로봇은 어느 정도 지각 기능을 갖게 되었다. 이는 상황을 분별해 환경에 적응하는 로봇을 의미한다. 하지만 사람만큼 자율적으로 행동하지는 못하고 미리 설정된 프로그램에 의해서 순서대로 움직인다.

4세대 로봇은 인공 지능을 가진 로봇으로 사람 말을 알아듣고 대답하며, 스스로 판단하고 행동하는 로봇이다. 앞으로는 4세대 로봇이 다양한 분야에서 쓰일 것으로 기대된다.

만화영화 속 로봇 캐릭터로
인기를 얻었던 '태권브이'

지식 더하기 +

메카트로닉스

기계와 전기, 전자를 복합적으로 적용하는 공학 분야를 메카트로닉스(Mechatronics)라고 한다. 즉 기계 공학, 전기 공학, 전자 공학을 복합적으로 적용하는 새로운 개념의 공학으로 지능형 로봇, 자동화 로봇부터 공장 자동화에 이르기까지 산업 전반에 적용되고 있다. 메카트로닉스는 오늘날 로봇의 발달에 큰 영향을 주었다. 로봇은 한 영역의 기술만 적용되는 것이 아니라 여러 가지가 복합적으로 적용되어야 발달할 수 있는 분야이기 때문이다.

로봇을
구성하는 것

로봇은 어떤 요소들로 구성되어 있을까? 로봇은 대개 인간의 신체 구조를 모델로 하고 있다. 인간이 움직이기 위해서 두뇌에서 손, 발 다리로 신호를 보내듯 로봇 역시 움직이기 위해서 컴퓨터가 신호를 보낸다. 로봇 시스템은 컨트롤러, 컴퓨터 프로그램, 조작부, 말단 장비, 전원 공급 장치 등을 포함하고 있다. 컨트롤러는 로봇의 두뇌 역할을 하는 작은 컴퓨터이다.

컴퓨터 프로그램은 로봇이 따라야 하는 명령이 코딩되어 있는 것이다. 조작부는 로봇의 기계적 시스템으로서 인간의 팔이나 몸에 해당된다. 말단 장비는 손에 해당되며, 집게 모양이거나 페인트 스프레이 노즐 같은 형태를 갖고 있기도 하다. 전원 공급 장치는 로봇의 전원을 제공한다.

로봇은 에너지를 전달받아야 움직일 수 있다. 가장 일반적으로 사용되는 것은 전기 모터이다. 모터의 회전에 따라 로봇은 수백 단계의 각도로 움직이게 된다. 모터의 축이 회전하는 정도는 컴퓨터에 의해 결정되며, 모터의 속도를 조절하는 데는 기어가 사용된다.

로봇 팔이 무거운 물건을 들어 올려야 할

가정용으로 개발된 로봇

때는 공압, 유압 등을 사용한다. 공압, 유압 시스템은 실린더와 피스톤 구성
되어 있다. 공기나 유체를 누르게 되면 실린더 안의 공기나 유체가 실린더의
다른 쪽 끝에 있는 피스톤을 밀어 내고, 이 피스톤의 이동이 로봇 팔을 앞뒤
로 움직이게 한다. 피스톤을 열고 닫는 밸브도 물론 컴퓨터에 의해 제어된다.

　　로봇의 행동을 제어하는 로봇 프로그램은 매우 복잡하다. 로봇의 기본적
인 움직임은 세세하게 분류되어 각각 프로그래밍된다. 프로그래머가 하는
일은 로봇 팔이 얼마나 회전해야 하는지, 어느 정도의 압력을 가해야 하는지
등의 정보를 컴퓨터가 이해할 수 있는 언어로 바꾸는 것이다.

로봇,
넌 무엇을 하니?

외부 환경을 인식하고 스스로 상황을 판단해 자율적으로 동작하는 로봇을 지능형 로봇이라고 한다. 지능형 로봇에 사용되는 기술에는 어떤 것이 있을까?

조작 제어 기술은 물건을 잡고서 자유롭게 움직이는 기술이다. 로봇이 컴퓨터와 차별화되는 대표적인 기능이다. 조작 제어 기술의 발달에 따라 부축 기능, 심부름 기능, 가사 서비스 등이 가능해질 것으로 예측된다. 그렇게 되면 집 안에서 노약자들을 보조해 주는 실버 로봇이 등장하게 되는 것이다.

자율 이동 기술은 어디나 자유롭게 이동할 수 있는 기술이다. 바퀴형, 4족형, 2족형 등의 이동 메커니즘으로 분류된다. 바퀴형은 경로에 따라 이동하는 제어 기술이 핵심이다. 4족형은 이동하면서 균형을 유지할 수 있는 기술이며, 2족형은 인간의 보행 형태를 실현하는 기술이다.

물체 인식 기술은 미리 학습한 지식과 정보를 바탕으로, 물체의 영상을 보고 그 물체에 대한 3차원적 공간 정보를 실시간으로 알아내는 기술이다. 집 안에서 특정한 물건을 구분해 주인에게 배달하는 심부름 로봇 등에 적용된다.

위치 인식 기술은 기계가 스스로 공간 지각 능력을 갖

의료용 로봇

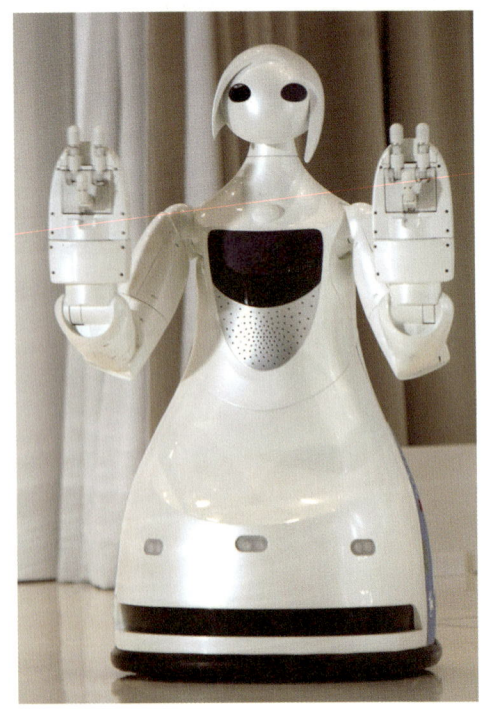

공장에서 이용되고 있는
산업용 로봇

는 것이다. 물체 인식 기술과 함께 대표적인 인지 기술로서, 청소 로봇이나 가사 로봇 같은 가정용 로봇이 보편화되기 위해 가장 필요한 기술이다. HRI(Human Robot Interface) 기술은 인간의 감정과 의도를 이해하는 것이다. 곧 인공 지능이라 할 수 있다.

센서 및 액츄에이터(Actuators) 기술은 위의 다섯 가지 기술을 가능하게 하는 가장 기본적인 요소다. 인공 눈, 초소형 모터, 촉각 센서, 인공 피부 등 다양한 소재를 구현하는 것이 이 기술에 포함된다.

유비쿼터스 로봇

지능형 로봇 중 네트워크에 기반을 둔 로봇을 유비쿼터스 로봇이라 한다. 즉 언제 어디에서나 컴퓨터 제어를 통해 작동시킬 수 있는 로봇을 의미한다.

1 알고 가기

회로의 직렬연결과 병렬연결, 콘덴서의 작동, 트랜지스터의 스위치 작용을 직접 알아볼 수 있을까?
회로를 직접 만들어 보면 눈에 보이지 않는 전기를 더 잘 이해할 수 있다. 간단한 회로 실습을 통해
전기에 대한 이해를 높여 보자.

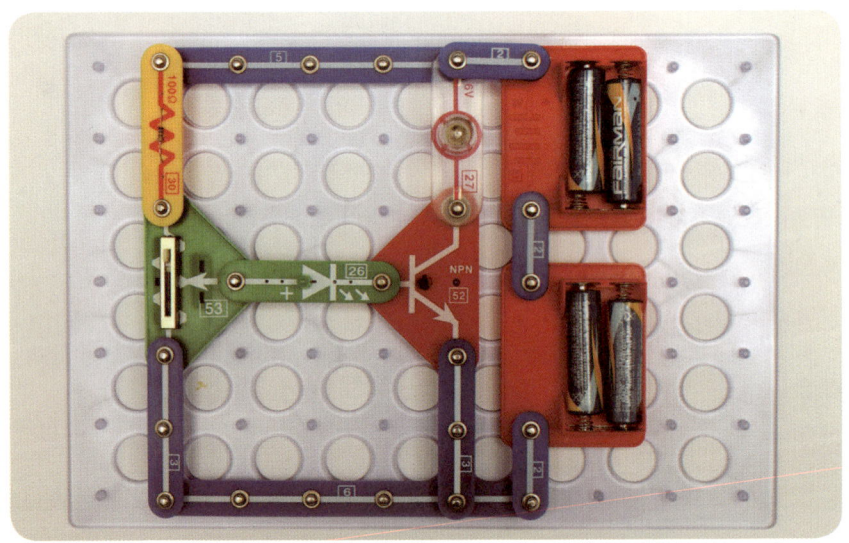

2 재료 소개

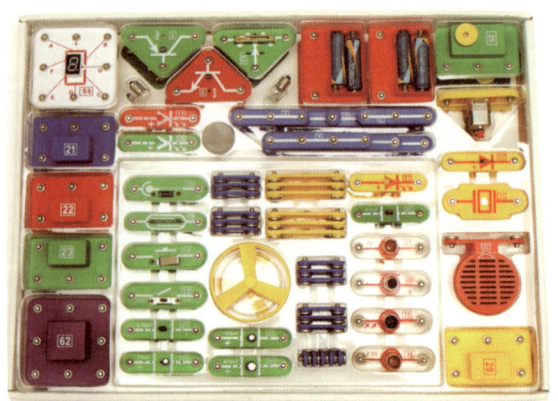

브레인 박스 500세트, 설명서, AA 건전지 4개

3 만드는 과정

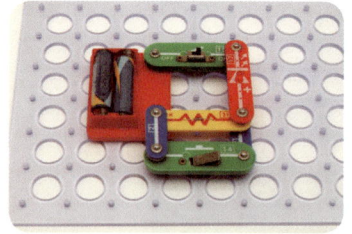

01 저항의 작용 이해

3V전원, 1000Ω저항, LED(전원의 (+)극과 LED의 (+)극을 연결), 슬라이드 스위치를 직렬로 연결하고, 1000Ω 저항에 병렬로 누름 스위치를 연결하여 회로를 완성한다. 슬라이드 스위치를 on하여 LED에 약한 불이 들어오는 것을 확인한다. 또한 슬라이드 스위치를 on시킨 상태에서 누름 스위치를 눌러 LED의 밝기가 밝아지는 것을 확인하고 이러한 차이가 저항에 의해 LED에 흐르는 전압과 전류가 낮아졌기 때문임을 이해한다.

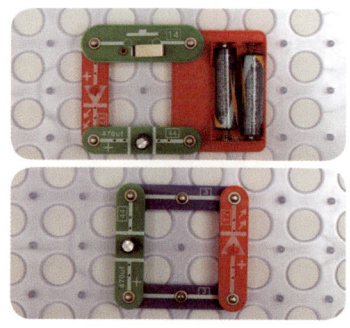

02 콘덴서의 충전과 방전

3V전원, 470㎌콘덴서, LED, 누름 스위치를 직렬로 연결하여 회로를 완성한다. 누름 스위치를 on하여 LED가 반짝했다가 꺼지는 것을 확인한다. 콘덴서가 전기를 충전하는 과정에서 전류가 흐르는데 완전히 충전되면 전류가 흐르지 못했기 때문이다. 이 콘덴서를 그대로 이용해 위 실험의 470㎌콘덴서, LED를 직렬로 연결하여 회로를 완성한다. 누름 스위치를 on하여 LED가 반짝했다가 꺼지는 것을 다시 확인한다. 이는 충전된 콘덴서가 방전을 하면서 전원의 역할을 하기 때문이다.

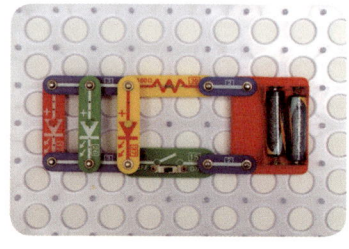

03 LED의 성질과 병렬연결의 이해

3V전원, 노란색 LED(방향 주의)를 직렬로 연결한 후, 노란색 LED에 각각 병렬로 녹색, 빨간색 LED(방향 주의)를 연결하여 회로를 완성한다. 슬라이드 스위치를 on하면 세 개의 LED가 모두 켜짐을 확인한다. 다시 녹색 LED의 방향을 바꿔 끼우고 스위치를 on하면 빨간색과 노란색 LED에만 불이 들어오는 것을 확인한다. LED는 전류를 한 방향으로만 흘려 주기 때문에 연결 방향이 바뀐 녹색 LED는 불이 안 들어오는 것이다. 그러나 병렬연결을 했기 때문에 녹색 LED가 작동하지 않아도 다른 두 경로의 빨간색, 노란색 LED는 작동하게 됨을 이해한다.

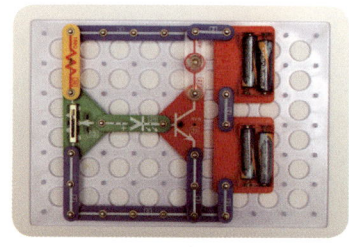

04 트랜지스터의 스위칭 · 증폭 작용 이해

6V전원, 6V꼬마전구, 트랜지스터를 직렬로 연결한 후, 꼬마전구와 트랜지스터에 병렬로 100Ω저항과 가변 저항을 연결한다. 그리고, 트랜지스터와 가변저항을 LED로 연결하여 회로를 완성한다. 가변 저항을 움직였을 때 LED가 켜지면 꼬마전구도 켜지고 LED가 꺼지면 꼬마전구도 꺼지는 것을 확인한다. 이와 같은 현상이 나오는 이유는 트랜지스터의 B(베이스)에 전류가 흘러야만 E(이미터)-C(컬렉터)로 전류가 흐를 수 있기 때문이다.

1 알고 가기

물건을 제조하는 공장에서부터 사람을 치료하는 의료 현장에 이르기까지 로봇은 사람이 하기 어려운, 정밀한 작업을 손쉽게 할 수 있도록 도와주는 유용한 전자 기계 장치이다. 여기서는 로봇의 작동 원리 중 유압과 링크를 이용해 기초적인 로봇을 체험할 수 있는 로봇 팔을 만들어 보자.

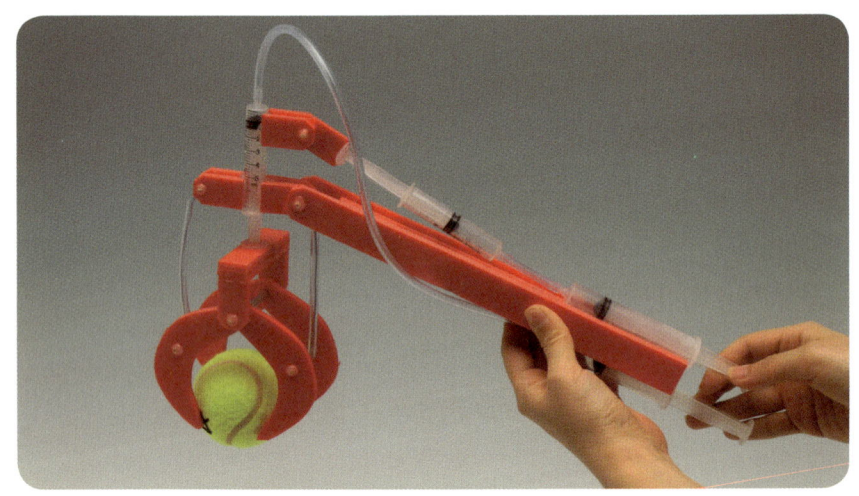

2 재료 소개

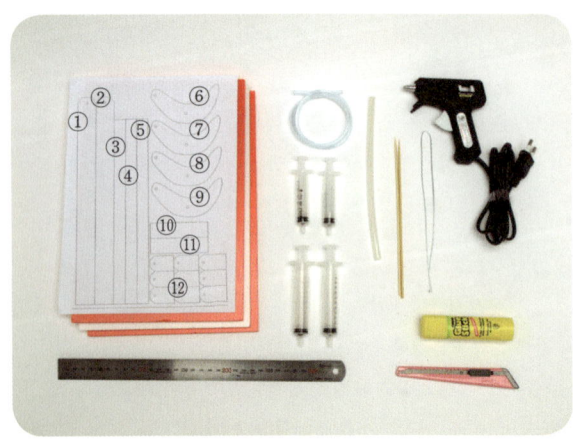

① 로봇팔 골격용 우드락 (5mm) ② 작동용 주사기 2set(큰 것 2개, 작은 것 2개) ③ 링거관 ④ 대나무 꼬지 ⑤ 고정용 철사 ⑥ 핫멜트 건(핫멜트 포함) ⑦ 칼 ⑧ 강철자 ⑨ 고체스틱풀 ⑩ 로봇 팔 도면

우드락 위에 풀을 칠하고, 도면을 붙여서 잠시 두었다가 풀이 마르면 도면을 따라서 우드락을 잘라낸다. 잘라낸 우드락에서 도면을 뜯어낸다. 이때 너무 강하게 붙이면 뜯어 내기 어려우므로 살짝 붙인다.

3 만드는 과정

01 로봇 손은 부품 ⑥~⑨와 부품 ⑫를 꼬지를 이용해 사진과 같이 연결한다. 부품⑩과 부품⑪을 붙여 양쪽 끝에 손에 연결된 부품 ⑫를 붙인다. ⑥~⑨의 순서가 바뀔 경우 손의 동작이 부자연스러울 수 있기 때문에 주의한다.

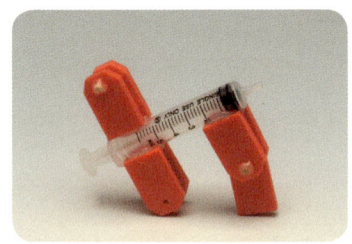

02 관절 1은 부품⑫ 6개를 이용하여 작은 주사기에 붙여 사진과 같이 완성한다.

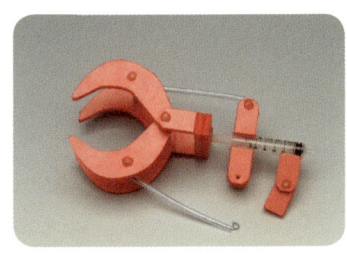

03 로봇 손과 관절1을 연결한다.

04 관절 2는 부품 ①, ③, ④, ⑤, ②의 순서대로 붙이고, 옆면에 주사기를 붙여 완성한다.

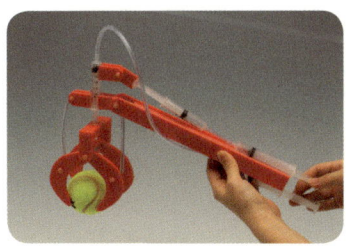

05 완성된 로봇 손과 관절을 연결하고 링거 관으로 주사기를 연결하여 로봇 팔을 완성한다.

4 더 알아보기

유체의 점도에 따라서 동력 전달력이 달라진다. 점도는 공기보다 물이, 물보다는 식용유가 크기 때문에 식용유를 사용하는 것이 확실한 운동을 위해서는 유리하다. 그러므로 주사기를 그냥 사용하는 것보다 물이나 식용유를 넣어서 사용하면 동력을 더 확실하게 전달하는 데에 도움이 된다.

1 전자 기계 기술 분야의 전망은 어떠할까?

1960년대 후반부터 시작된 우리나라 전자 기계 산업은 그동안 꾸준히 발전을 거듭해 현재는 수백억 달러의 수출을 기록하는 산업으로 발전하였다. 그리고 이제 첨단 기술의 융합체인 로봇 응용 산업으로 도약을 앞두고 있다.

로봇 산업은 미래 국가의 핵심 산업이라고 할 수 있다. 산업 자동화 추세에 따라 기존 산업 현장에 사람 대신 로봇이 투입되는 경우가 많은 데다 삶의 질이 향상되고 고령화 사회가 가속화되면서 환경, 실버, 의료, 국방, 교육 등 삶의 전 분야에서 로봇에 대한 수요가 급격히 늘어날 전망이기 때문이다. 전자 기계 기술 분야에서 로봇 기술 관련 직종은 앞으로 특히 주목해야 할 것이다.

2 전자 기계 기술 분야에 진출하려면 어떤 재능과 적성이 필요할까?

전자 기계 기술 분야에 뜻을 두고 있다면 일단 기계를 다루는 데 흥미가 있어야 한다. 거기에 새로운 것에 대한 호기심과 문제 해결을 위한 논리적 사고, 분석력, 정확한 판단력이 있어야 한다. 또 나날이 새로운 기술이 등장하는 분야이므로 끊임없이 새로운 기술을 습득하려는 자세 또한 필요하다. 다른 분야의 기술자나 전문가들과 협력해야 할 일이 많으므로 원만한 대인 관계 능력과 의사소통 능력도 개발해야 한다.

전자 기계 기술 분야를 깊이 공부하려면 어떤 학과로 진학해야 할까?

전자 기계 기술 분야의 전문가가 되기 위해서는 전자공학, 역학, 소프트웨어 등의 지식이 필요하므로 기계공학, 전자공학, 컴퓨터공학 등을 배우는 학과에서 관련 분야의 다양한 지식을 습득해야 한다. 이 분야에서 가장 주목받는 분야인 로봇공학의 경우 로봇 특성화 학교인 로봇고등학교에서 로봇의 설계, 운영, 제어 등을 배울 수 있으므로 관심이 있다면 고려해 보는 것도 좋다.

3

전자 기계 기술 분야에서 주목할 만한 직업에는 무엇이 있을까?

전자 기계 기술 분야 중에서도 로봇 산업에 대한 투자와 사회적 관심이 높아지면서 로봇 산업 육성을 위한 과제들이 활발하게 추진되고 있으므로 이 분야의 직종을 중점적으로 살펴보기로 한다. 특히 생산 현장에서 자동 제어 시스템을 도입하여 제품의 품질을 높이고 생산량을 증가시키려는 기업이 늘어나고 있으므로 전자 기계 기술 분야에 소질이 있는 청소년이라면 로봇 산업 분야의 직종을 주목할 필요가 있다. 대표적인 직종은 다음과 같다.

4

지능형 로봇 연구 개발자

외부 환경을 스스로 인식하고 상황을 판단하여 자율적으로 움직이는 지능형 로봇을 연구하고 개발하는 일을 한다. 전문적 지식이 필요한 일이기 때문에 지능형 로봇 연구 개발자 중에는 지능로봇공학과, 로봇공학과, 로봇제어계측과, 로봇시스템공학과에서 공부한 사람이 많다.

로봇 감성 인지 전문가

로봇이 인간의 의도에 따라 효과적으로 작동하도록 인간과 로봇의 감성적 인터페이싱(Human-Robot Interfacing)을 연구하는 사람이다. 로봇이 인간의 감정을 이해하도록 돕는 인공 감성 기술자, 인간과 로봇의 생체적 연결 고리를 만드는 바이오-인터페이스 기술자, 로봇이 사람의 표정을 인식해 인간의 의도를 알아내게 하는 표정 인지 기술자 등이 있다.

로봇 인식 기술 연구원

로봇에게 외부 환경에 대한 정보를 주어 대응해야 할 물체나 위치에 대해 인식하도록 하는 능력을 연구하는 사람이다. 미리 학습된 정보를 통해 로봇이 물체의 영상을 보고 3차원 공간 정보를 실시간으로 이해하게 하는 물체 인식 연구원, 로봇 스스로 주어진 환경에 대한 공간 지각 능력을 갖게 하는 위치 인식 연구원 등이 있다. 두 분야 모두 로봇의 자율 이동 기능에 핵심이 되는 분야다.

자동 조립 라인 및 산업용 로봇 조작원

생산 현장의 (반)자동 조립 라인 및 산업용 로봇을 조작하는 일을 한다. 예를 들어 자동차 등의 기업체 생산 현장에서 조립 라인 또는 산업용 로봇 조작, 용접 로봇이나 자동화 시스템 설비의 설치, 운용, 정비, 수리와 관련된 일을 한다. 공업계 고등학교의 기계, 금속 관련 학과를 졸업하는 것이 유리하다.

전자 기계 기술 분야의 롤 모델로는 누가 있을까?

유범재 KIST 인간기능 생활지원 지능로봇 기술개발 사업단 단장

주인이 쉬면서 TV를 보는 동안 요리와 청소를 뚝딱 해치우는 로봇이 있다면 얼마나 편할까? 유범재 박사가 선보인 휴머노이드 로봇, 마루-Z라면 충분히 가능하다. 2008년에 하반신과 상반신을 모두 움직여 춤을 추는 로봇, 마루를 처음 선보였던 유 박사는 2010년에는 주인의 명령을 듣고 작업을 수행하는 로봇, 마루-Z의 개발에 성공해 화제가 되었다. 마루-Z는 "마루, 토스트 가져와!"라는 명령에 전자레인지에서 우유를 데우고 토스터에서 빵을 구워 쟁반에 가져올 수 있는 기특한 로봇이다.

유 박사는 로봇 원격 제어 기술을 국내 최초로 개발한 로봇 전문가다. 그가 만든 로봇은 고속 동작 변환 기술이 있어 실시간으로 사람의 다양한 작업 동작을 배워 활용할 수 있을 정도이다. 그의 기술은 단순히 두 발로 걷거나 뛰는 기존의 인간형 로봇 연구에서 한 걸음 더 나아가 인간을 대신해 노동할 수 있는 '작업하는 인간형 로봇'의 원천 기술을 확보했다는 데 의미가 있다.

유 박사는 세계 최초로 개발한 네트워크 기반 휴머노이드 '마루'의 원천 기술을 이용해 마네킹 로봇, 외식 도우미 로봇 등 지능형 서비스 로봇의 실용화 및 산업화를 주도하고 있다.

2부

건설

건설

1장

건설 기술의
이모저모

인간은 편리하게 살기 위해 인공적인 구조물을 짓거나 자연에 인위적인 변화를 가해 왔다. 이런 행위를 통틀어 건설이라 부른다. 건설은 인간이 살아가는 데 필수적인 세 가지 요소인 의식주 중 '주'를 차지하는 셈이다. 건설이 우리에게 미치는 영향과 건설을 이루는 요소들을 살펴보자.

세상을 창조하는
건설 기술

평소 건설에 관심이 많은 학생이 있다. 이 학생은 대학에 가서 무엇을 전공해야 할까? 물론 가장 먼저 눈에 들어오는 과는 건축공학과일 것이다. 하지만 토목공학과 역시 정답에 속한다.

건설은 그 성격에 따라 건축과 토목으로 분류할 수 있다. 건축은 사람이나 물품을 수용하기 위해 쾌적하고 안락한 공간을 만드는 일이다. 즉 아파트, 병원, 학교 같은 구조물을 짓는 것이다. 토목은 자연을 효과적으로 이용하기 위해 자연 환경을 변화시키는 등 생활 공간을 보다 능률적으로 바꾸는 모든 방법을 의미한다. 이와 같은 기능을 가진 구조물을 토목 구조물이라 하며 교량, 도로, 터널, 댐, 항만 등이 바로 토목 구조물이다. 토목 공사에는 바다의 간척, 하천의 준설과 매립도 포함된다.

서해대교 건설 현장

건설 기술은 각종 구조물을 만들어 삶의 질을 향상시키고 산업의 발달을 이끌며 국토를 균형 있게 발전시키는 데 크게 기여해 왔다. 우리 주변에 지어진 육교, 터널, 병원, 학교 등과 같은 구조물은 모두 우리가 편리하고 쾌적한 환경에서 생활할 수 있도록 하는 데 목적을 두고 있다. 건설 기술의 특징은 지역의 지리적 조건이나 사회적 분위기의 영향을 받는다는 점이다. 알래스카의 이글루, 말레이시아의 수상 가옥, 몽골의 게르 등 지역마다 독특한 개성을 지닌 대표적인 건물이 있다. 불교의 영향을 받은 동양

건축물과 기독교의 영향을 받은 서양 건축물도 건설 기술의 지역적 특성을 확인할 수 있는 예이다. 건설 구조물을 만들기 위해서는 여러 분야의 전문성이 필요하다. 건물을 튼튼하게 짓기 위한 공학적 지식, 아름답게 짓기 위한 예술적 감각, 구조물과 환경의 관계를 분석하는 생태학적 지식, 공사 기간과 비용을 계산하기 위한 경제적 지식 등 각각의 관련 분야가 서로 조화를 이루어야 하나의 건설 구조물이 탄생될 수 있다.

(좌) 말레이시아의 수상 가옥
(위) 눈으로 만든 집, 이글루
(아래) 몽골의 이동식 집, 게르

지식 더하기 +

초대형 건설 공사

건설 구조물은 설계 과정에서 제대로 계획을 세우는 것이 무엇보다도 중요하다. 대표적인 예로 2009년 10월 완공된 인천대교가 있다. 국내 최장 길이의 다리인 인천대교는 기간이 4년 4개월, 건설비가 2조 억 원 이상 소요되었다. 치밀한 설계가 바탕이 되었기에 가능한 일이었다.

나무집부터
콘크리트 빌딩까지,
다양한 건설 구조

'아기 돼지 삼형제'라는 동화를 보면 첫째 돼지의 짚으로 지은 집, 둘째 돼지의 나무로 지은 집은 늑대에 의해 쉽게 허물어진다. 하지만 셋째 돼지의 돌로 만든 집은 늑대의 공격에도 끄떡없다. 돼지 형제의 세 가지 집은 건설의 다양한 형태를 보여 준다.

산업화가 진행되기 전까지 우리나라에서 주로 짓던 집은 목구조, 즉 나무가 주요 뼈대를 이루는 주택이었다. 목구조인 주택은 내구성과 단열 기능이 뛰어나다. 또한 습도 조절 기능이 있어 쾌적한 환경을 만들어 준다. 한편 조적 구조는 돌이나 벽돌을 쌓아 올려 집의 구조를 만드는 것이다. 조적 구조인 집은 튼튼하고 불에 잘 견딘다. 하지만 벽이 두꺼워져 실내 면적이 줄어든다는 단점이 있다.

요즘 집의 구조물로 가장 널리 이용되는 것은 철골이나 철근 콘크리트이다. 철골 구조는 강철을 볼트와 너트, 용접 등을 이용해 조립하는 것이다. 공장, 체육관 등과 같은 큰 구조물과 교량에 많이 사용된다. 철근 콘크리트 구조물은 말 그대로 철근과 콘크리트를 함께 이용하는데 이때 철근과 철근 사이로 콘크리트가 잘 들어가게 해야 단단한 구조물을 만들 수 있다. 최근에 환경 문제 때문에 콘크리트 대신 친환경 재료로 대체하는 방법이 연구되고 있다.

경북 영주시에 소재한 부석사의 무량수전은 우리나라의 대표적인 목조 건축물로 그 가치가 매우 높다.

철근 콘크리트를 사용해
건축물을 짓는 모습

그러면 하나의 건축 구조물을 짓는 과정은 어떻게 될까? 구조물을 짓기 위해서는 미리 준비해야 할 것이 매우 많다. 우선 필요한 토지를 확보하고 구체화한 뒤 설계 도면을 그려야 한다. 설계 도면이 완성되면 확보된 토지 위에 구조물을 건설하면 되는데 이때 가장 먼저 해야 하는 것이 기초 공사이다. 튼튼한 집을 짓기 위해서는 무엇보다 기초가 튼튼해야 하고 튼튼한 기초를 다지려면 기초 공사가 잘 이루어져야 한다. 기초 공사를 할 때는 건축물의 가장 아랫부분에서 건물의 무게를 지탱하기 위해 땅을 파고 기둥을 설치한다.

기초 공사가 끝난 후에는 골조 공사를 하게 된다. 골조는 위쪽의 무게를 받아 아래쪽의 기둥에 전달하는 역할을 한다. 골조 공사 다음에는 구조물에 필요한 각종 시설들을 설치하는 시설 공사 차례이다. 전기, 통신, 배수, 수도, 냉난방 설비 등을 갖추게 하는 공사라고 할 수 있다. 마지막으로 미장 공사를 실시한다. 벽이나 천장에 회반죽을 바르는 것인데 이렇게 하면 구조물의 강도를 높이고 불에 잘 견디게 할 수 있다. 소음이 줄어들고 단열 효과가 올라가는 장점도 있다.

지식 더하기

골조 공사의 종류

골조 공사는 골조를 구성하는 재료에 따라 조적 공사, 철골 공사, 철근 콘크리트 공사, 목공사 등으로 구분된다. 현재 가장 많이 이용되는 방법은 철근 콘크리트 공사이다. 구조물의 목적과 규모에 따라 적절한 골조의 선택이 중요하다.

역사 속의
위대한 건축물

쉽게 짓고 금세 부수는 오늘날의 건축물과 다르게 수백, 수천 년 전에 지어졌음에도 지금까지 이어지고 있는 건축물도 있다. 이러한 역사적 건축물이 갖는 의미는 무엇일까?

중국 왕조가 북방 민족의 침입을 막기 위해 세운 성벽인 만리장성은 인류 역사상 최대의 토목 공사가 낳은 결과이다. 만리장성의 기원은 진나라의 시황제라고 알려져 있지만 실제로는 그보다 훨씬 전인 춘추 시대부터 축조되기 시작했다. 그러다 중국을 최초로 통일한 진나라가 성벽들을 연결하고 증

중국의 만리장성

축해 북쪽의 흉노를 견제했다. 진나라는 만리장성을 쌓기 위해 30만 명을 동원했고 높은 세금을 부과했다. 결국 백성들의 불만이 높아져 진나라가 멸망하는 원인이 되었다.

이탈리아 로마의 콜로세움은 72년에 짓기 시작해 80년에 완성되었다. 당시 티투스 황제는 유대 독립 전쟁을 진압하고 10만 명의 포로를 데리고 귀환했는데 이중 4만 명의 포로를 시켜 콜로세움을 건축했다는 이야기가 전해 오고 있다. 콜로세움은 높이가 48미터, 둘레가 527미터의 타원형 구조물로서 그 시대에 세워진 건축물 가운데 최대 규모이다. 시민들은 콜로세움에서 검투사 사이의 대결이나 검투사와 맹수의 대결을 구경했다. 이 과정에

(위) 이탈리아 로마에 있는 콜로세움
(아래) 인도의 타지마할

서 애국심이 고취되기도 했지만 또 한편으로는 공포심을 부르기도 했다.

타지마할은 인도의 유적 중 최고의 예술적 가치를 지닌 건축물이다. 순백색의 대리석은 태양의 각도에 따라 하루에도 여러 번 빛깔을 달리한다. 건축물과 정원이 완벽하게 균형을 이루어 균형미를 느끼게 하고, 규모는 웅장하지만 권위적인 느낌보다는 신비감을 자아낸다.

타지마할은 단순한 건축물이 아니라 궁전 형식의 묘지이다. 무굴 제국의 황제였던 샤 자한이 무척이나 사랑했던 왕비 뭄타즈 마할을 추모하기 위해 만든 것이다. 이 건축물을 짓기 위해 전문적인 기술자를 포함해 수많은 백성들이 일해야 했다. 타지마할이 완성되기까지는 20년이나 걸렸다.

지식 더하기

타지마할에 남은 국제 교류의 흔적
타지마할을 아름답게 꾸미기 위해 황제는 유럽의 건축가까지 불러들였다. 내부와 외부를 장식한 보석도 중국, 미얀마, 터키, 티베트 등 여러 나라에서 수입한 것이었다.

2장

어떤 건물을
지을까?

주위를 둘러보면 높다란 하늘에, 깊숙한 땅속에, 지상 구석구석에, 바다와 강 위에 건설 기술이 이루어 놓은 다양한 건축물이 있음을 알 수 있다. 인간이 모여 사는 곳에는 어디나 대부분 인공적인 건축물이 있다. 우리 생활과 밀접하게 연결되어 있는 건축물에는 무엇이 있으며 어떤 건설 기술이 이용되었는지 들여다보자.

초고층 빌딩 속에 숨은 비밀

현재 세계에서 가장 높은 빌딩은 두바이의 부르즈 칼리파이다. 무려 162층 828미터에 달한다. 하지만 이 기록도 언제 깨질지 모른다. 세계 곳곳에서 초고층 빌딩이 건설 중이기 때문이다. 몇 년 후에는 한국에서도 초고층 빌딩을 볼 수 있을지도 모른다. 과연 초고층 건물은 어떤 비밀이 있기에 그런 높이를 유지할 수 있는 것일까?

초고층 건물의 기둥을 만들 때 일반 콘크리트로 기둥을 올리면 기둥의 부피가 엄청나게 늘어나게 되고 건물의 무게를 견디지 못해 콘크리트가 파괴될 것이다.

하지만 내부 조직이 치밀한 초강도 콘크리트를 이용하면 얇은 기둥으로도 무게를 감당할 수 있다. 그런데 콘크리트는 강도가 올라갈수록 점성이 강해지기 때문에 꼭대기까지 도달하기 전에 굳어 버리는 문제가 생길 수 있다. 이런 문제를 해결하기 위해 콘크리트에 특수 분말제를 넣어 점성을 떨어뜨리고 있다.

초고층 건물에서 단단한 기둥과 외벽을 만드는 일에 버금가게 중요한 작업이 엘리베이터를 설치하는 일이다. 거대한 건물 안에서 사람과 물건이 효과적으로 이동하려면 엘리베이터가 초고속이어야 한다. 보통 초고층 건물의 엘리베이터는 분당 300미터가 넘는 속도로 작동한다. 세계에서 가장 빠른 엘리베이터는 우리나라 현대아산타워에 설치된 엘리베이터로 분당 1080미터의 속도로 운행된다. 이는 대만 타이베이 금융 센터에 설치된 엘리베이터의 분당 1010미터보다 빠른 것이다. 초고속 엘리베이터는 더블데크 방식을 이용하는 경우가 많다. 더블데크 방식이란 2층 버스처럼 위아래 층이 함께 붙어서 이동함으로써 한 번에 더 많은 사람을 실어 나르는 것이다.

건물이 높으면 센 바람 때문에 충격을 받을 수 있다. 그래서 초고층 빌딩에는 바람을 다스리는 기술도 필요하다. 이러한 기술에는 여러 가지가 있다. 요즘 이용되는 것으로는 건물 위쪽에 구멍을 내서 바람의 저항을 적게 받는 방법, 위로 올라갈수록 건물의 면적을 줄여서 그만큼 바람을 받는 면적도 줄어들게 하는 방법, 진동 방지용 추를 달아서 건물이 바람에 덜 흔들리게 하는 방법 등이 있다.

(좌) 부르즈 칼리파
(우) 타이베이 금융센터

지식 더하기✚

초고층 빌딩의 역사
오늘날 초고층 빌딩의 시초는 19세기 말 시카고에서 찾아볼 수 있다. 당시 시기고는 철도 사업이 발전함에 따라 미국 중서부의 중심지로서 번성하기 시작했다. 그래서 인구가 급격히 증가하자 이 문제를 해결하기 위해 초고층 빌딩이 등장했다. 1885년에는 12층인 홈인슈어런스 빌딩이, 1894년에는 16층인 릴라이언스 빌딩이 등장했다.

땅속 세계로의 안내,
터널과 지하 시설

이제 땅속은 미지의 공간이 아니다. 지상이 포화 상태에 이른 오늘날 땅속은 인간이 얼마든지 이용할 수 있는 공간으로 인식되고 있다. 건설 기술이 땅속에 만들어 놓은 건축물로는 터널이 있으며 이 외에도 갈수록 다양한 건축물이 들어서고 있다.

지역과 지역을 연결하는 터널은 넓은 의미로는 광산의 갱도, 지하 발전소, 지하 주차장까지 포함하지만 일반적으로는 산, 바다, 강의 아랫부분을 뚫어 만든 도로나 철로의 통로를 가리킨다.

독일 프랑크푸르트에 있는
지하철 터널의 모습

오늘날 터널은 기계식 굴착 공법, 화약 발파 굴착 공법 등을 이용해서 만들어진다. 이중 기계식 굴착 공법의 일종인 쉴드 TBM 공법은 1994년 섬나라 영국과 유럽 대륙의 프랑스 사이를 연결한 해저 터널을 만든 주인공이다. 이 공법은 장비의 회전을 이용해 터널을 뚫는 방식이다. 소음과 진동이 적고 주변 구조물에 거의 영향을 주지 않기 때문에 안전한 공법으로 인정받고 있다.

일본에는 매우 길기로 유명한 터널이 있다. 약 53.6킬로미터의 길이를 자랑하는 세이칸 터널이다. 24년의 공사 기간을 거쳐 1988년에 완공된 이 터

널 역시 해저 터널이다. 일본은 해마다 지진과 태풍으로 인한 인명 손실과
경제적 피해가 막대하기 때문에 지상보다 상대적으로 안전한 해저에 터널을
지은 것이다. 세이칸 터널에는 기계식 굴착 공법과
나틈 공법이 이용되었다. 나틈 공법은 터널을 파
들어가면서 기존 암반에 콘크리트를 뿜어 붙이고
암벽 군데군데에 죔쇠를 박는 방법이다. 암반이 스
스로 가진 지지력을 활용하기 위한 것이다.

　땅속은 도시의 교통수단으로도 이용되고 있다.
바로 지하철이다. 우리나라에는 수도권 외에도 대
전, 광주, 부산, 대구 등 대도시에 지하철이 생기면서 주변의 상권이 확장되
고 쇼핑몰 같은 특화된 지하상가도 들어섰다. 지하 세계는 거미줄처럼 자꾸
만 복잡해지고 있다. 지하철 등의 지하 공간은 지상으로 소음, 진동 같은 피
해가 전해지지 않도록 첨단 공법을 이용해서 건설되고 있다. 지상에서는 아
래에서 무슨 일이 벌어지고 있는지 전혀 모를 정도이다.

지식 더하기

우리나라에서 가장 긴 터널
경부고속철도 대구와 부산 구간에 있는 금정 터널이다. 금정
터널의 길이는 20.3킬로미터이다. 이 터널을 건설하는 데도
나틈 공법이 적용되었다.

바다를
가로지르는
다리

인천 공항에 가기 위해서는 바다 위로 난 다리를 하나 건너야 한다. 바로 2000년에 완공된 영종대교이다. 영종대교가 존재하지 않았다면 섬에 공항이 생겨날 수도 없었을 것이다. 이렇게 다리는 서로 닿을 수 없는 곳을 건설 기술을 이용해 연결하는 수단이다.

인류가 언제, 어디서, 어떻게 처음으로 다리를 만들었는지는 알 수 없지만 다리의 역사가 매우 오래된 것만은 확실하다. 인류 초기의 다리는 우연히 쓰러진 나무로 인해 생긴 통나무 다리, 큰 돌멩이로 만든 징검다리, 계곡 사이를 건너기 위한 덩굴 다리 등이었다. 시간이 지남에 따라 사람들은 점점 더 튼튼한 재료를 이용해 더욱 큰 다리를 만들었다. 우리나라에서 가장 오래된 다리는 통일 신라 때 불국사에 놓인 청운교와 백운교이다. 이렇게 각 시대나 지역마다 유명한 다리가 남아 있기 마련이다.

최근에 만들어진 다

우리나라에서 가장 오래된 다리인 청운교와 백운교

리는 첨단 기술과 다양한 공법을 이용해 만들어진다. 때로는 예술 작품으로 여겨질 만큼 그 구조가 아름다워서 지역의 랜드마크가 되기도 한다. 요즘에는 다리에 화려한 조명을 달기도 한다.

인천공항까지 연결된 영종대교와 같이 요즘

영종도와 송도 국제도시를
연결하는 인천대교

에는 강뿐만 아니라 바다에 다리가 놓이는 경우도 흔하다. 이러한 다리의 경우 그만큼 길이가 길어야 한다. 바다를 가로지르는 긴 다리로는 사장교와 현수교가 많이 건설된다. 사장교와 현수교는 높이 세운 기둥에서 드리운 쇠줄, 즉 케이블의 힘으로 지탱하는 다리이다. 케이블의 힘을 이용한다는 것은 그만큼 기둥을 적게 세워도 된다는 사실을 의미한다. 기둥이 적은 다리는 바닷물의 흐름을 덜 방해하고 미관을 더 살릴 수 있다.

STEM 기술 속의 과학

다리가 무너지지 않는 이유

다리의 원리는 줄다리기와 같다. 양 팀이 균형을 맞춰서 팽팽하게 잡아당기면 어느 쪽으로도 넘어지지 않고 균형을 유지할 수 있다. 현수교와 사장교의 케이블이 이런 역할을 한다. 친구들과 손을 잡고 줄을 서 보자. 가운데를 중심으로 팔을 당겨 보았을 때 한쪽 팀의 친구가 너무 세게 당기면 다른 쪽 친구들이 넘어질 수 있다. 중요한 것은 균형을 유지하며 서 있는 것이다. 현수교와 사장교의 케이블도 바깥쪽과 안쪽으로 힘이 서로 균형을 유지해야 다리를 튼튼하게 지탱할 수 있다.

단순한 길이
아니다,
도로의 기술

비 오는 날 우산을 들고 길을 걸으면서 도로를 한번 살펴보자. 도로에는 물이 스며들지도 고이지도 않고 도로의 끝 부분으로 모두 흘러가는 모습을 볼 수 있을 것이다. 도로에는 어떤 원리가 숨어 있을까?

아스팔트로 포장된 도로

예전의 도로는 흙이나 자갈을 다져 만든 길이었다. 하지만 오늘날 우리가 이용하고 있는 도로는 대부분 콘크리트나 아스팔트로 포장된다. 콘크리트 포장은 외부의 온도나 물리적인 힘에 따른 변형이 적으므로 무거운 차량이 많이 다니는 곳에 적당하다. 하지만 공사 기간이 길고 가격이 비싸다는 단점이 있다. 아스팔트 포장에 비해 승차감도 좋지 않다.

아스팔트는 석유에서 만들어지며 온도에 따라 쉽게 모양이 변형되고 방수성과 접착성이 커서 도로의 포장에 많이 이용된다. 아스팔트 포장은 외관이 곱고 먼지가 나지 않으며 소음도 적다. 포장을 쉽게 걷어 낼 수 있어 부분적으로 수리하기에도 편하다. 하지만 큰 힘에 의해 파손되기 쉬워 물이 고이기도 한다. 특히 더운 여름철에 도로의 표면 온도가 60도가 넘으면 차의 바퀴에 의해서 바닥이 쉽게 파인다.

우리 주위의 도로는 눈으로는 잘 인식할 수 없지만 약간 기울어져 있다. 기울기의 종류에는 횡단 기울기와 종단 기울기가 있다. 횡단 기울기는 도로의 중앙을 높이고 양쪽 끝을 낮춘 것으로 물이 잘 빠지게 해 도로에 물이 고이지 않게 한다. 또 차가 곡선 구간을 지날 때 원심력으로부터 안전하게 달리도록 도와준다. 종단 기울기는 차가 나아가는 방향에 대한 기울기로 도로가 완만하고 급한 정도를 결정한다. 경사가 급한 땅에서 차가 안전하게 다니려면 종단 기울기가 최대한 완만해야 한다.

STEM 기술 속의 과학

도로 표지판 속의 비밀

차를 타고 가다 보면 도로 오른편에 이런 표지판이 설치된 곳이 있다. 이 표지판은 무엇을 뜻할까? 표지판에 있는 숫자는 도로의 수직 높이를 수평 거리로 나눈 백분율이다.

도로 기울기(%) = 100 x 수직 높이(m) / 수평 거리(m)

예를 들어 수평 거리가 100미터이고 수직 높이가 10미터라 하면 도로의 기울기는 10퍼센트가 되는 것이다. 이것을 각도로 바꾸어 보면

$\tan(경사각) = 10\% = 0.1$

경사각 $= \tan^{-1}(0.1) = 5.71$도라는 것을 알 수 있다.

같은 식으로 계산을 하면 100%면 45도의 경사각을 가지고 있다는 뜻이다.

댐,
홍수와 가뭄을
막아라!

여름철 뉴스를 보면 홍수로 인해 이재민이 발생했다거나 가뭄으로 인해 농사를 망쳤다는 소식을 종종 접할 수 있다. 물을 잘 다스리지 못하면 이렇게 큰 사고를 겪을 수 있다. 물은 우리가 살아가는 데 없어서는 안 되는 필수적인 요소인 만큼 인류는 물을 다스리기 위해 노력해 왔다. 이러한 노력에 건설 기술이 어떻게 기여했을까? 그 결과로 만들어진 구조물은 무엇일까?

물을 이용하는 구조물로 가장 대표적인 것은 바로 댐이다. 하늘에서 떨어진 빗물의 일부는 땅속으로 스며들고 일부는 땅 표면을 따라 흐른다. 그리고 여러 갈래의 물이 만나 강을 이루며 바다에 도달한다. 이때 댐은 강 중간에서 물을 가두어 홍수의 피해를 막으면서도 우리에게 필요한 용수를 공급한다.

댐의 목적은 생활, 농업, 공업 용수 공급, 홍수 조절, 수력 발전 등이 있는데 이중 두 가지 이상의 용도로 사용되는 댐을 다목적 댐, 어느 한 가지 용도로만 사용되는 댐을 전용 댐이라고 부른다. 댐은 재료에 따라 필 댐과 콘크리트 댐으로 구분할 수도 있다. 필 댐은 흙, 모래, 자갈, 암석 등 자연에서 얻을 수 있는 재료로 쌓아올린 댐이고, 콘크리트 댐은 이름 그대로 콘크리트로 지은 댐이다.

상하수도 시설 역시 댐과 마찬가지로 물을 잘 이용하게 해 주는 구조물이다. 상하수도가 생겨나기 전에는 개천이나 우물에서 물을 직접 길어다 마셨기 때문에 콜레라나 장티푸스 같은 수인성 전염병으로 수많은 사람이 목숨을 잃었다. 과거에 인류의 평균 수명이 짧았던 주요 원인 중의 하나가 상하

팔당 댐 수력 발전소

팔당 댐 수력 발전소

수도 시설의 부재였던 것이다.

상수도에서 이루어지는 과정을 들여다보자. 취수장에서는 한강, 낙동강 같은 강이나 저수지에서 물을 끌어들인다. 이 물은 정수장으로 보내져 깨끗하게 소독되고 찌꺼기가 걸러진다. 바로 마실 수 있을 만큼 깨끗한 상태가 된 물은 각 가정으로 흘러간다. 우리가 수도꼭지를 틀면 나오는 물은 이렇게 여러 과정을 거친 물인 것이다.

지식 더하기 +

역사가 긴 상수도, 역사가 짧은 하수도

상수도는 아주 오래전부터 건설되기 시작했다. 로마인들은 상당히 수준이 뛰어난 상수도 시설을 이용했다. 하지만 로마에도 하수도 시설은 존재하지 않았다. 하수도는 100여 년 정도밖에 안 되는 짧은 역사를 가지고 있다. 하지만 오늘날의 하수 처리 기술은 화장실에서 버려진 하수를 정화해 식수로 바꿀 만큼 발전되었다.

3장

미래의
도시 건설

미래에도 끊임없이 새로운 구조물이 만들어질 것이다. 우리가 상상하지도 못했던 구조물이 등장하고 각종 첨단 건설 기술이 개발될 것이다. 현재의 건설 구조물은 우리 삶을 편리하게 해 주기도 하지만 또 한편으로는 우리 생활 양식을 특정한 방식으로 제약하기도 한다. 앞으로 어떤 구조물과 건설 기술이 나타나 이런 한계를 극복하고 우리 일상을 변화시키게 될지 살펴보자.

옥상에
숲을 만들자!

    도시가 자연과 너무 멀어진 결과 오늘날 도시가 가진 문제점은 한두 가지가 아니다. 급속한 개발과 확대로 인해 녹지는 사라지고 온통 콘크리트와 아스팔트로 뒤덮여 있다. 자동차의 배기가스로 도시 내부의 온도가 외곽 지역보다 올라가는 열섬 현상이 나타나고 있다. 도시에 지친 사람들을 위해 요즘 농촌에는 다양한 자연 체험 프로그램이 마련되어 있다. 도시에서는 사라진 풀과 나무를 만져 보고 흙도 밟아 보기 위해 많은 도시 사람들이 주말마다 농촌으로 향한다. 도시에서도 쉽게 자연을 접할 수 있는 방법은 없을까?

    이런 문제점들을 해결할 수 있는 방법으로 최근 옥상을 숲처럼 가꾸는 옥상 녹화가 주목받고 있다. 옥상 녹화란 건축물 위에 녹지 공간을 마련하는 것이다. 잔디나 나무를 적절히 배치하기도 하고 연못, 실개천을 더해 다양한 생물의 서식처를 제공하기도 한다.

    옥상 녹화는 도심 한복판에서 휴식 공간이 되어 준다. 사막에 오아시스가 있듯이 회색빛 콘크리트 건물 사이사이에 마련된 푸르른 공간은 도시 사람들에게 마음의 여유를 준다. 많은 건물이 옥상 녹화를 할수록 더욱 다양한 효과를 누릴 수 있다. 건물의 녹지가 태양열을 흡수해 대기의 온도를 낮추고 녹지가 품고 있던 수분이 증발하면서 지표면의 온도 상승을 막아 열섬 효과가 줄어들게 된다. 빗물이 콘크리트로 포장된 도로를 타고 흘러가는 대신 옥상 녹지의 토양에 흡수되면서 하천으로 유입되는 속도가 줄어들어 홍수가 예방된다.

일본 오사카에 있는 난바 파크

녹지는 산성비나 자외선이 건물에 직접 닿는 것을 막아 건물의 수명을 연장시켜 준다. 겨울철에 옥상의 토양은 건물의 난방열 손실을 막아 주고, 여름철에는 냉방 효과를 발휘해 외부의 더운 기운이 건물 안으로 들어오는 것을 막아 준다. 마지막으로 옥상의 녹지는 이산화탄소의 농도는 줄이고 산소의 농도는 높여서 도시의 공기를 맑게 정화해 준다.

지식 더하기 +

일본 오사카의 옥상 녹화 공간, 난바 파크
오사카 시내에 위치한 복합 문화 공간인 난바 파크의 옥상에는 약 300종, 7만 그루의 나무가 심어져 있다. 높이가 3미터에 달하는 높다란 나무도 수백 그루나 된다. 난바 파크는 이러한 옥상 녹화 덕분에 최대 2만 6000킬로와트의 전력을 아끼게 되어 전기와 가스 사용료를 해마다 450만 엔가량 줄였다. 또한 난바 파크는 해마다 4.4톤의 이산화탄소를 줄이는 효과를 낳고 있다.

에너지를 쓰지 않는 건물이 가능할까?

인류는 산업 혁명 이후로 화석 에너지에 의존해 왔다. 석유, 석탄 등의 화석 에너지는 앞으로 수십 년 안에 고갈될 것이라는 예측이 나오고 있다. 또한 화석 에너지의 지나친 사용은 지구 온난화 등 환경에 악영향을 미치고 있다. 이런 상황에서 환경을 고려하고 에너지를 절약하는 녹색 산업이 새로운 성장 동력으로 주목받고 있다. 녹색 산업이 건설 기술에는 어떠한 영향을 미치고 있을까?

요즘 건설 기술에서 새롭게 대두된 것이 제로-에너지 빌딩이다. 이 빌딩은 해마다 소비하는 에너지의 총량이 0이거나 탄소 배출량이 0인 건물을 뜻한다. 제로-에너지 빌딩은 빌딩 안에서 스스로 에너지를 생산해 소비하는 시스템을 갖추고 있다. 미국이나 유럽의 경우 전체 에너지 소비량 중에서 약 40퍼센트가 빌딩에서 소비되고 있다. 우리나라의 상황도 크게 다르지 않다. 따라서 제로-에너지 빌딩은 환경적으로나 경제적으로 큰 역할을 할 수 있을 것으로 기대된다.

제로-에너지 빌딩은 어떤 특징을 가지고 있는지 들여다보자. 우선 가장 중요한 점은 에너지

서울 열섬 지도

도봉구
강북구
노원구
은평구
성북구
중랑구
서대문구
종로구
동대문구
강서구
마포구
중구
성동구
광진구
강동구
양천구
영등포구
용산구
구로구
동작구
강남구
송파구
금천구
관악구
서초구

소비를 최소화할 수 있는 방향으로 지어졌다는 사실이다. 단열, 자연 채광, 바닥 난방 등을 이용해 일상생활에서 필요한 난방과 조명에 들어가는 에너지를 줄이는 것이다. 또한 풍력 발전소나 태양력 발전소처럼 자연으로부터 에너지를 얻는 생산 설비를 갖추어 놓는다. 자체적으로 생산하는 에너지의 양이 때로는 외부 환경에 따라 들

태양열 전광판

쑥날쑥할 수 있으므로 기존의 전력 체계와 연계해 에너지를 주고받는 시스템도 마련되어 있다. 빌딩 안에서 생산된 에너지가 빌딩이 필요로 하는 정도보다 많을 때는 외부에 보내 다른 곳에서 이용할 수 있도록 하기도 한다.

STEM 기술 속의 과학

단열재의 조건

단열은 건물 외부와 내부 사이에 열이 오가는 것을 막음으로써 건물 안이 겨울에는 따뜻하게, 여름에는 시원하게 해 준다. 따라서 단열재는 열전도율이 낮아야 한다. 단열의 효과가 가장 높은 재료, 즉 열전도율이 매우 낮은 재료는 공기다. 그래서 공기를 이용한 기포 콘크리트, 발포 폴리스틸렌 같은 재료가 단열재로 많이 사용되고 있다.

정지해 있는 매질(고체, 액체, 기체)을 통해 온도가 높은 쪽에서 낮은 쪽으로 이동하는 열량 Q를 구하는 공식은 이렇다.

$$Q = KA \frac{T1-T2}{L} t \text{[cal]}$$

(A : 매질의 단면적 / T1-T2 : 양쪽의 온도차 / L : 두께 / t : 시간 간격 / K : 열전도율)

IT가
건설 기술을
만나면?

그동안 건설 기술의 발전이 주로 건물을 높고 튼튼하게 짓는 데 초점이 맞추어져 있었다면 이제는 IT 기술을 통해 우리 생활을 더욱 편리하게 하는 법이 주목받고 있다. 컴퓨터와 정보 통신 기술이 발달하면서 건설 기술에도 변화가 생기게 된 것이다. 컴퓨터와 통신망을 이용해 사람이 원하는 것을 쉽고 편리하게 제공해 주는 새로운 개념의 빌딩은 인텔리전트 빌딩이라고 부른다.

인텔리전트 빌딩은 여러 가지 첨단 기능을 가지고 있다. 가장 대표적인 기능이 건물의 자동화이다. 방범, 방제, 냉난방, 조명, 공기 조절 등 거의 모든 분야가 통신망으로 연결되어 건물 자동화 시스템에 의해 통제된다. 또한 건물 안의 컴퓨터와 외부의 통신망을 유기적으로 연결해 문서 처리, 회계 관리, 정보 공유 등 사무의 자동화로 업무 효율성을 높여 준다. 위성 통신, 쌍방향 케이블 텔레비전, 원격 화상 회의 같은 기능도 인텔리전트 빌딩의 필수적인 요소이다.

우리 주변에도 점차 인텔리전트 빌딩이 들어서고 있다. 최근 지어지고 있는 아파트는 외부에서도 주인이 수도, 전력, 가

원격 감시가 가능한 CCTV

스 등을 원격으로 조종할 수 있다. 아파트 주민의
차량이 주차장에 들어가면 가정에 이 사실을 자동
으로 알려 주고 엘리베이터가 지하 주차장까지 내
려와 기다린다. 지하 주차장, 놀이터 등 아파트 단
지 여기저기에 설치된 CCTV는 원격 감시로 사고
를 예방한다.

(위) 원격 화상 회의 설비를
시연하고 있는 모습
(아래) IT 기술 덕분에 주차장
이용도 더욱 편리해졌다.

　이렇게 단순히 외부의 위험으로부터 우리를 보
호하기 위한 공간이었던 건물이 똑똑해지고 친절해지기 시작했다. 건설 기
술이 정보 통신 기술을 만나면서 생긴 놀라운 변화이다.

1 알고 가기

교량은 계곡, 하천과 같은 자연의 장애를 극복하기 위해서 혹은 도로나 철도를 쉽게 건너기 위해 건설된다. 교량은 무엇보다 안전을 기본으로 해야 한다. 주변에서 쉽게 구할 수 있는 신문지로 튼튼한 다리를 만들어 보자.

2 재료 소개

신문지 6장, 풀, 가위, 칼, 자, 글루건

3 만드는 과정

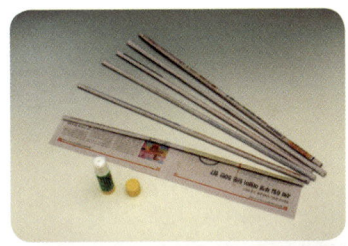

01 재하 실험을 고려하여 교량의 구조를 구상해 보고, 신문지를 준비하여 가늘고 단단하게 말아 놓는다. 말아 놓은 신문지 막대기를 구상도에 맞게 잘라 제작을 준비한다.

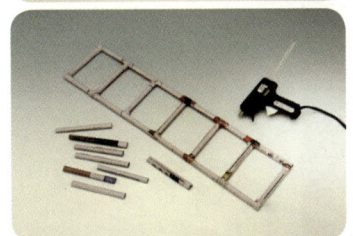

02 잘라 놓은 신문지 막대로 글루건을 이용하여 상판을 제작한다.

03 교량에 가해질 힘을 고려하여 상부 트러스 구조를 제작한다. 글루건으로 트러스 구조를 접합한 후 신문지 조각과 풀을 이용하여 연결 부위를 견고하게 한다.

04 구조물의 무게를 측정하고, 재하 실험을 한다.

4 더 알아보기

신문지 교량을 제작하면 다리 상부 구조를 이해할 수 있다. 그리고 트러스 구조가 왜 무게 분산이 잘 되는지를 신문지 교량으로 직접 확인해 볼 수 있다. 재하 능력은 {재하 하중 (kg) / 교량의 무게(g)} × 100의 수식으로 측정한다.

1 알고 가기

고층 빌딩은 다른 건물에 비해 건축 시 고려할 사항이 매우 많다. 높으면서도 튼튼하고 안전한 건물이 되기 위해 갖추어야 할 요건이 많기 때문이다. 스파게티 면으로 구조물을 만들면서 튼튼한 구조물을 만들기 위해서는 어떤 조건이 필요한지 생각해 보자.

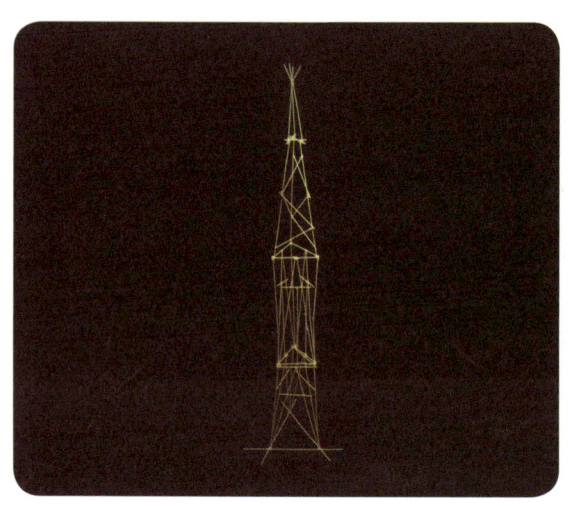

2 재료 소개

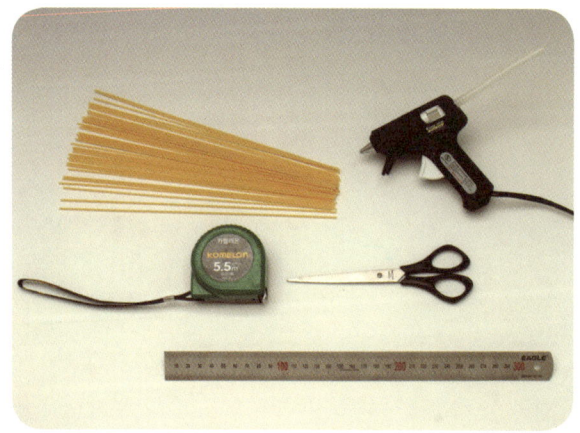

스케치할 A4용지, 필기구, 스파게티 면 30개, 글루건, 자, 칼, 가위, 줄자

3 만드는 과정

01 종이 위에 구상도와 간단한 제작도를 그린다. 주어진 스파게티의 전체 길이를 고려하여 제작도의 치수를 결정한 뒤 스파게티 면을 잘라 놓는다.

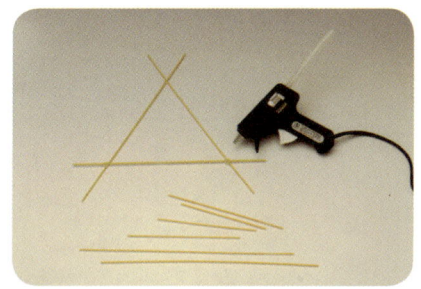

02 스파게티 면을 테이블 위에 배열한 후 글루건으로 붙여 구조물의 아랫부분을 먼저 만든다.

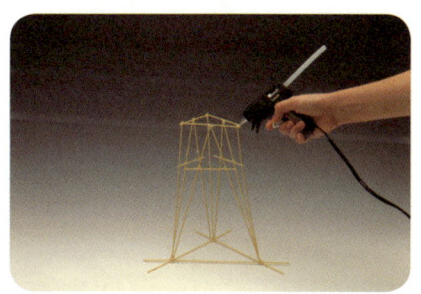

03 스파게티 구조물의 균형과 무게중심을 고려하여 높이를 올려 가며 스파게티 구조를 완성한다.

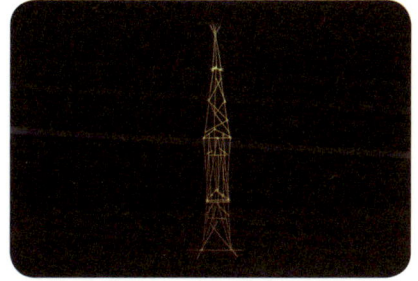

04 구조물의 높이를 측정한다.

4 더 알아보기

구조물에는 압축력, 인장력, 전단력, 휨모멘트 등 나양한 힘이 작용하고 있다. 압축력은 물체를 양쪽에서 누를 때 물체에 가해지는 힘을 말한다. 인장력은 물체를 양쪽에서 잡아당길 때 물체에 가해지는 힘이다. 전단력은 물체의 양쪽에서 서로 다른 방향으로 가해지는 힘 때문에 물체가 잘려지는 힘을 말한다. 휨모멘트는 물체를 굽히려는 힘을 말한다.

1 건설 기술 분야의 전망은 어떠할까?

토목 관련 분야의 경우 우리나라는 더 이상 개발할 곳이 없을 정도로 이미 많은 곳이 개발된 상태여서 국내보다는 아직 개발이 덜 된 해외 시장을 노리는 것이 현명하다. 해외 시장의 경우 고부가 플랜트 사업 등 해외 수주 사업이 활발하게 진행되고 있으므로 전망이 밝다.

건축 분야의 직종으로는 건축 현장에서 건축물의 설계와 시공, 감독을 맡아 하는 건축 시공 엔지니어와 아름다움과 실용성을 겸비하여 건축물을 설계하는 건축 설계사 등이 있다. 이밖에 다양한 기능직 종사자도 있는데 건설 현장에 많이 사용되는 타워크레인, 굴삭기, 불도저 등을 조작하는 전문가들과 전기 배선, 냉난방 시설 등을 설치하는 전문가들이다.

최근에는 환경에 대한 인식이 높아짐에 따라 건축 기술에도 친환경적인 기술을 접목하려는 움직임이 일고 있다. 건설 분야에 진출하고자 한다면 환경에 대한 인식을 바탕으로 한 디자인, 설계, 시공에 관심을 갖는 것이 좋다.

2 건설 기술 분야에 진출하려면 어떤 재능과 적성이 필요할까?

건축 분야에 종사하려면 기술과 함께 예술적 소양을 겸비해야 하며, 특히 건축 설계 분야에서는 창의력과 응용 능력이 필요하다. 또 건축물은 한번 시공하면 오랜 시간 사용해야 하므로 시공 단계에서부터 공익의 목적에 맞게 일한다는 자부심과 책임감을 가진 사람이 도전해야 한다. 토목 관련 전문직의 경우 여러 가지 장비와 기술을 적용할 수 있는 능력, 수리학, 물리학, 구조역학 등에 대한 전문 지식을 습득해야 하므로 이런 학문에 관심이 있어야 한다.

건설 기술 분야를 깊이 공부하려면 어떤 학과로 진학해야 할까?

건설 분야로 진출하고 싶다면 직업의 특성에 맞는 학교와 학과를 미리 정할 필요가 있다. 토목 관련 전공에는 토목공학, 구조공학, 농업토목공학, 해양토목공학, 토목환경공학, 지질공학, 건설토목, 토목설계 등이 있다. 건축 관련 직종으로 진출하려면 대학에서 건축학, 건축공학 등을 전공해야 한다. 건축학은 디자인을, 건축공학은 시공을 중심으로 공부하므로 유의해야 한다.

건설 기술 분야에서 주목할 만한 직업에는 무엇이 있을까?

GIS 전문가

GIS(Geographic Information System)는 전 국토에 존재하는 각종 위치 정보를 디지털화하여 수치 지도(Digital Map)를 작성해 재해, 환경, 시설물, 국토관리와 행정 서비스에 활용하는 첨단 정보 시스템을 말한다. GIS 전문가는 국토의 각종 위치 정보를 취합하여 활용하는 업무를 수행한다. 대기과학과, 지질학과, 지구환경과학과 등을 졸업한 사람들이 많이 종사하고 있다. 현재 국토 계획, 도시 계획, 사회 기반 시설, 환경 관리, 수자원 관리 등의 분야에서 GIS의 이용 방안을 모색하고 있으므로 점차 수요가 늘어날 전망이다.

도시 계획가

도시 계획가는 쾌적하고 살기 좋은 도시를 만들기 위해 재개발, 신도시 개발 사업, 택지 개발, 종합 관광 단지 건설 등 다양한 방법으로 도시를 설계하는 일을 한다. 앞으로는 삶의 질을 향상시킬 수 있는 친환경적인 도시 개발이 요구될 것이므로 이 분야의 인력 또한 증가할 것으로 예상된다. 도시 계획가가 되려면 대학에서 도시공학과, 교통공학과, 도시지역계획학과, 도시환경학과, 도시계획과 등을 전공하는 것이 유리하며 관련 자격증에는 도시 계획 기술사, 도시 계획 기사 등이 있다.

건물 에너지 컨설턴트

첨단 산업에 속하는 직종으로 건축 공학 기술자가 건물을 지을 때 에너지 효율성을 높일 수 있는 시공 방법과 건축 자재, 건축 설비 등을 조언하는 사람이다. 에너지 효율에 맞는 적절한 조언을 할 수 있으려면 다방면의 공학적 지식이 필요하므로 화학공학, 환경공학, 건설공학 등을 전공한 사람들이 주로 종사한다.

5 건설 기술 분야의 롤 모델로는 누가 있을까?

건축가 김수근

1977년 미국의 시사 주간지 타임은 '한국의 가장 경탄할 만한 건축가'로 김수근을 선정했다. 김수근은 잠실 올림픽주경기장, 오사카 엑스포 한국관, 국립부여박물관 등을 건축한 한국 현대 건축의 1세대 건축가이다.

김수근은 어렸을 때부터 세계 문학 전집을 읽고, 사진을 찍고, 수학 공부에 몰입하는 등 예술과 인문학 전반에 대해 공부했다. 이후 서울대 건축학과를 중퇴하고 일본으로 건너가 도쿄예술대학에 입학하여 건축 공부를 마친 후 귀국해서 1961년 '김수근 건축 연구소'를 열었다. 그리고 예술 잡지 '공간'을 창간하고 1972년에는 '공간 그룹'을 만들어 활동하면서 한국의 건축 및 문화 예술 발전에 큰 영향을 끼쳤다.

김수근은 특히 일제에 의해 단절됐던 한국의 전통적인 미와 예술적 감성을 그대로 담은 건축물을 만들기 위해 심혈을 기울였다. 오늘날에도 김수근이 남긴 많은 건축물은 인간과 자연을 생각하며 만들어 낸 종합 예술 작품이라는 평가를 받고 있다.

구조 공학의 대가 파즐라 칸

1970년대 세계에서 가장 높은 건물 다섯 개 중 네 개가 한 사람의 시공 공법으로 설계되었다. 그 공법을 개발한 사람은 20세기 후반 최고의 건축 설계자로 알려져 있는 파즐라 칸이다.

1929년 방글라데시에서 태어난 칸은 방글라데시 디카 대학을 졸업하고 파키스탄 국비 장학생으로 미국 일리노이주립대학에서 구조공학과 응용역학을 전공했다. 이후 건축 설계자로 활동하면서 건축 구조에 튜브 공법을 도입하여 초고층 빌딩 건설 기술의 대가로 명성을 얻었다.

이러한 방법으로 설계된 것이 바로 시카고의 100층짜리 건물 존 행콕 센터와 110층짜리 윌리스 타워다. 특히 윌리스 타워는 1974년까지 세계에서 가장 높은 건물로 명성을 떨쳤다.

칸은 "건축가와 구조 엔지니어가 창조적인 건축물을 만들어 내기 위해서는 건축가는 구조 엔지니어가 되어야 하고 구조 엔지니어는 건축가가 되어야 한다"고 말할 정도로 설계자와 엔지니어 사이의 협력을 강조했다. 이러한 협업을 통해 단순히 기술적인 완성도만이 아니라 건축 철학이 깊이 배어 있는 건축물을 완성할 수 있었고, 최고의 구조 공학자 중 하나로 인정받을 수 있었다.

3부

생명

생명

1장

사람을 살찌우는
생명 기술

생명 기술이란 살아 있는 생명체를 인간에게 필요한 형태로 변화시키는 기술로서 현대 사회에서 가장 주목받고 있는 기술 분야이다. 생명 기술이 다른 기술 분야와 가장 다른 점은 생명체를 대상으로 한다는 것이다. 갓 길러 낸 신선한 채소나 발효 식품인 된장과 김치로 식사를 하는 것, 공기 정화 식물에 의해 신선한 공기로 숨 쉬는 것, 친환경 건물에서 생활하는 것이 모두 생명 기술이 발달한 덕분이다. 생명 기술은 어떻게 발달해 왔으며, 오늘날 우리 생활에 어떤 영향을 미치고 있는지 살펴보자.

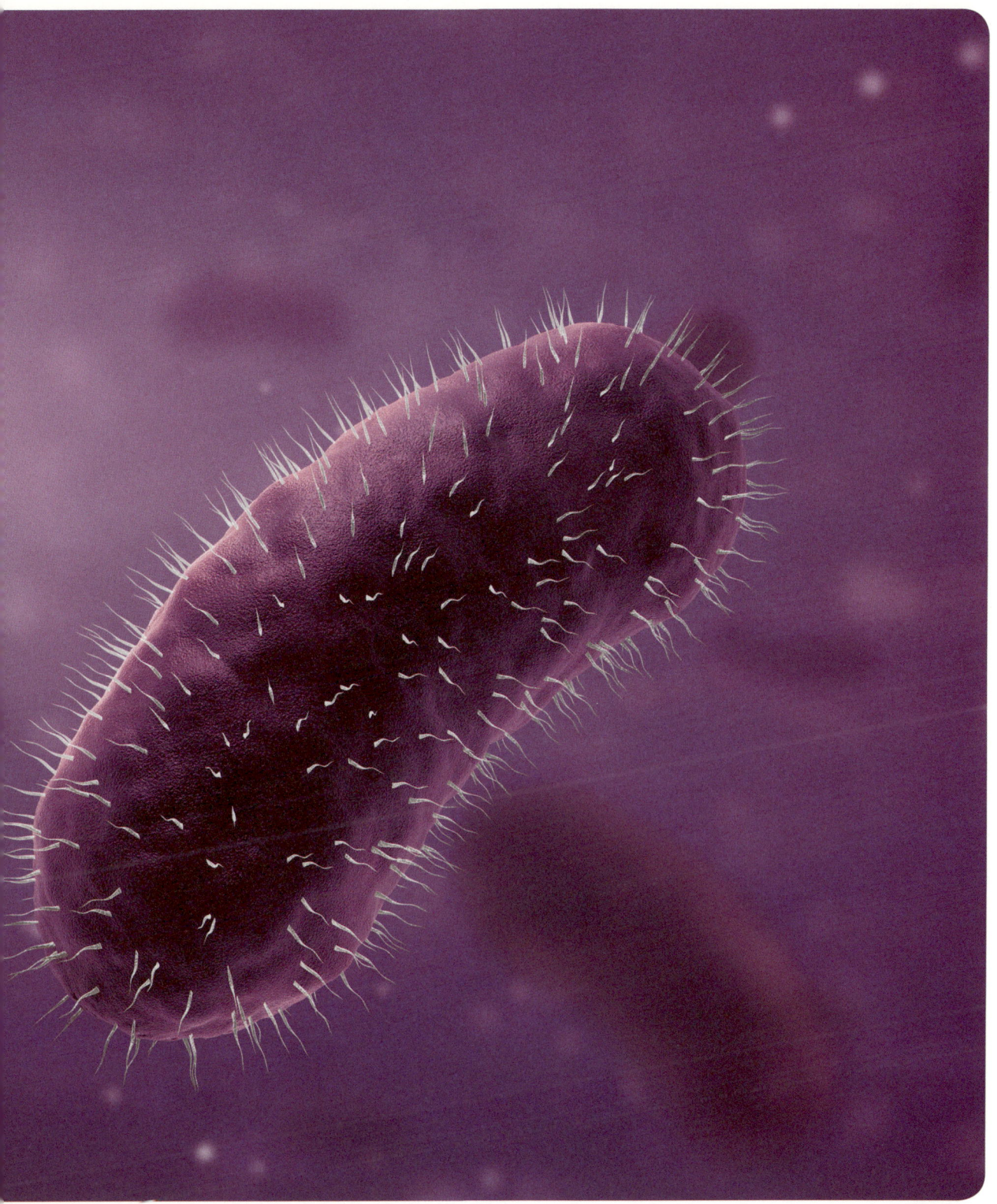

김치와 콩에
숨은 조상들의
생명 기술

우리는 조상들의 제조, 수송, 건설, 통신 기술이 남긴 유적들은 잘 알고 있다. 하지만 조상들의 생명 기술이 남긴 유적이라 하면 금방 떠오르지 않는다. 그런데 알고 보면 우리는 조상들의 생명 기술을 매일 만나고 있다. 바로 발효 식품을 통해서이다. 생명 기술은 인류의 역사와 함께 시작되었으며 곧 발효의 역사라고 할 수 있다.

발효란 미생물을 이용해 그 분해 작용으로 유기물로부터 에너지를 얻는 작용을 뜻한다. 부패와 비슷한 과정이지만 부패와 달리 몸에 해로운 잡균을 없애고 몸에 좋은 물질을 만들어 낸다. 또한 음식을 부드럽게 해 소화가 잘 되도록 돕는다.

인간은 오래전부터 발효를 이용했다. 과거의 이집트 벽화에는 발효 빵을 먹는 모습이 묘사되어 있다. 식초에 관한 기록은 구약 성서와 신약 성서에서 볼 수 있다. 최초의 발효 식품인 포도주가 만들어진 것은 포도 껍질에 붙어 있는 흰색 물질이 바로 효모인 덕분이다. 그래서 포도는 인공적으로 효모를 넣지 않아도 자연적으로 발효해 포도주가 되었던 것이다.

우리나라의 발효 식품으로는 김치, 된장, 고추장, 간장, 젓갈, 식혜 등이 있다. 여기서는 김치와 된장 그리고 청국장을 중심으로 조상들의 지혜를 알아보자.

미국 캘리포니아의 와인 창고 모습

김치는 한국을 대표하는 전통 채소 발효 식품으로 맛과 영양이 무척 뛰어나다. 김치의 주재료인 배추에는 당분이 존재하고 잎과 잎 사이에는 유산균이 존재한다. 김치를 담글 때는 우선 배추를 소금에 절이게 되는데 이는 배추에 남아 있는 나쁜 균을 줄이고 유산균은 살아남게 해서 당을 발효시키기 위한 것이다. 이 과정에서 생겨난 다양한 영양소는 항암 작용을 돕고 면역력을 증가시킨다. 최근에는 스트레스 억제, 사스와 조류 독감 예방 작용도 연구되고 있다.

콩을 원료로 만들어지는 된장 역시 대표적인 우리 고유의 발효 식품이다. 주성분은 탄수화물, 지방, 단백질이다. 우리 조상들은 아이들이 머리를 다치거나 벌에 쏘이면 된장을 상처 부위에 발라 치료하곤 했다. 된장의 발효 과정을 살펴보면 막대기 모양으로 생긴 '바실러스 균'에 의해 콩의 성분들이 분해되면서 된장 특유의 깊은 단맛을 내게 된다. 또한 여러 가지 항암 물질이 만들어지게 되는데 이런 물질은 오래된 된장일수록 더욱 증가한다.

된장과 마찬가지로 콩을 이용한 발효 식품으로는 청국장이 있다. 콩을 삶은 후 뜨거운 곳에서 누룩곰팡이에 의해 발효시켜 만든다. 완성되기까지 몇 개월 이상이 걸리는 된장과 달리 담근 지 2, 3일이면 먹을 수 있고 소금을 사용하지 않는 것이 특징이다. 발효 과정에서 콩의 영양소 흡수율이 높아지게 된다.

(위) 콩을 이용한 발효 식품, 청국장.
(아래) 다양한 종류의 치즈

지식 더하기 +

콩이 인체에 미치는 효능

콩은 치매의 원인이 되는 성분을 억제하고 두뇌 발달과 기억력 증진을 돕는다. 또 피부를 윤기 있게 하고 신진 대사를 도우며 피부 알레르기에도 효험이 있다. 콜레스테롤을 낮추고 동맥 경화를 예방하는 것은 물론 칼슘 흡수율을 높여 골다공증을 예방하고 키 성장에 도움을 준다.

감자와 토마토가
한 식물에서 자란다

(위) 토마토와 감자가
동시에 열린 토감
(아래) 2005년 울진 세계 친환경
농업 엑스포에서 선보인 무추

중국집에 가면 늘 고민이다. 자장면을 먹을까, 짬뽕을 먹을까? 둘 중 하나를 시키면 늘 아쉬움이 남는다. 그래서 개발한 것이 짬짜면이 아니던가. 그러면 이런 고민은 어떨까? 텃밭에 조그마한 공간밖에 없는데 감자를 심을까, 토마토를 심을까?

인간은 이 고민을 해결하기 위해 감자와 토마토를 모두 얻을 수 있는 식물을 만들어 냈다. 이미 1977년에 감자와 토마토를 합쳐 땅 위에서는 토마토가 열리고 땅 속에서는 감자가 자라게 하는 실험이 성공했다. 토감이라고도 하고 포메이토라고도 하는 이 식물은 감자와 토마토 사이의 인공적인 세포 융합을 통해 새로 만든 잡종 식물이다.

감자와 토마토의 두 식물 세포가 합쳐지는 것이 어떻게 가능할까? 먼저 효소 처리를 해 단단한 세포벽을 제거해야 한다. 세포벽이 사라진 두 세포를 세포 융합 촉진제인 폴리에틸렌글리콜(polyethylenglycol)을 이용해 융합시킨다. 하나가 된 세포를 배양하면 세포벽이 다시 생기고 완전한 식물체로 자라나게 된다.

　이 잡종 세포는 한 개의 세포 안에 두 개의 핵을 갖는다. 그래서 감자의 성질과 토마토의 성질이 모두 나타날 수 있는 것이다. 이러한 세포를 2핵 세포 또는 쌍핵 세포라고 부른다. 이렇게 서로 다른 성질을 갖는 두 개 이상의 세포를 융합시켜 양쪽의 우수한 성질을 모두 가지는 새로운 세포를 만드는 기술이 세포 융합이다.

　식물 세포 융합은 신품종 개발과 품종 개량에 널리 응용되어 그동안 전통적인 방법으로는 개발할 수 없었던 새로운 잡종 식물을 만들어 내는 데 성공하고 있다. 가지와 감자를 융합한 가자, 무와 배추를 융합한 무추 등도 탄생했다. 그러나 현재까지 개발된 포메이토는 그 크기나 질이 원래 감자와 토마토에 미치지 못하고 있어 연구가 계속되고 있다.

　파란 장미도 이 기술 덕분에 세상에 나오게 된 꽃이다. 오랜 세월 동안 신의 손을 가진 것만 같은 장미 육종가들도 무수히 실패한 것이 바로 파란 장미였다. 화훼 분야의 성배(聖杯)로 불리는 파란 장미는 그래서 꽃말도 '불가능'이다. 사실 장미에는 원천적으로 파란 색소를 만드는 유전자가 없으므로 아무리 육종을 해도 파란 장미가 나올 수 없

지식 더하기 ✚

동물 세포도 세포 융합이 가능할까?
동물 세포는 세포벽이 없기 때문에 식물 세포보다 융합이 비교적 간단한 편이다. 그렇다 해도 세포 융합은 서로 다른 두 생물의 형질이 어느 정도는 유사해야 가능하다. 예를 들어 사람의 세포와 대장균의 융합은 어렵다. 동물에서 처음 개발된 세포 융합 기술은 항체를 생산하는 백혈구와 분열 능력이 왕성한 골수암 세포를 융합하는 것이었다. 그 결과 항체를 생산하면서도 계속 분열하는 세포를 개발해 항체를 대량 생산하는 데 성공했다. 앞으로 동물 세포 융합 기술도 발달해 미래의 의료 산업에 큰 영향을 미칠 것이다.

다. 빨강, 노랑, 주황 물감을 이리저리 섞어 봐도 파란색이 나오지 못하는 것과 같은 이치다. 그래서 연구자들은 파란 색소를 만드는 유전자를 다른 식물에서 추출해 장미에 집어넣는 방법으로 이 문제를 해결했다. 그 식물은 바로 제비꽃과인 팬지였다.

비타민이 들어 있는
황금쌀

불과 40여 년 전만 하더라도 학생들이 당장 먹을 것이 없어 물로 배를 채우며 학교를 다니던 시절이 있었다. 1970년대까지 우리나라의 가장 큰 고민은 식량 부족으로 해마다 국민들은 보릿고개란 힘든 시기를 보내야 했다.

이를 해결하기 위해 정부는 1962년 농촌진흥청을 설립하여 쌀을 개량하는 연구에 매진했다. 그로부터 10년이 지난 1972년 농촌진흥청은 우리나라 재래종인 자포니카 계열 쌀과 인디카 쌀을 교배해 통일벼를 만들어 냈다. 농가에 통일벼 씨앗을 보급한 결과 1971년 2668만 섬이던 쌀 생산량은 1975년 3242만 섬, 1977년 4170만 섬으로 늘어났다. 단위 면적 당 쌀 수확량에서는 세계 신기록까지 세우게 되었다.

하지만 통일벼는 맛이 없다는 단점이 있었다. 사람들은 경제적으로 여유로워지자 맛있는 쌀을 찾기 시작했다. 소비자의 기호에 맞는 새로운 품종이 개발되면서 통일벼는 1992년을 끝으로 더는 생산하지 않게 되었다. 사람들의 요구는 더욱 다양해져 다양한 색깔의 쌀, 독특한 향이 나는 쌀, 다이어트 효과가 있는 쌀까지 나왔다.

지금까지 개발된 쌀 중 눈길을 끄는 것은 2000년에 개발된 황금쌀(Golden Rice)이다. 비타민A의 결핍으로 매년 50만 명의 어린이가 시

비타민A의 함량을
크게 높인 황금쌀

가마솥이 있는
전통 부엌 풍경

력을 잃고 있는데 황금쌀은 쌀에 부족한 영양소인 비타민A 함량을 크게 높인 품종이다. 황금쌀의 등장은 특정한 영양 성분을 강화한 쌀이 생산되는 계기가 되었다. 약을 먹을 필요 없이 밥만 먹어도 질병을 치료할 수 있는 세상이 온 것이다. 게다가 황금쌀 연구자들은 개발 이익을 챙기지 않고 특허권을 무상으로 넘겨서 오로지 이익만을 좇아 유전자 변형 작물을 개발하는 사람들에게 귀감이 되고 있다.

STEM 기술 속의 과학

가마솥 밥이 맛있는 이유

쌀은 지구촌 인구의 절반가량인 30억 명이 소비하는 식량으로 조리하는 방법이 매우 다양하다. 우리에게 가장 맛있는 밥은 '가마솥 밥'이다. 세계적으로 우리나라 밥솥이 인기가 높다. 그 이유는 가마솥 밥을 재현해 낸 '전자 유도 가열(IH·Induction Heating)' 방식을 이용했기 때문이다. 밥솥 바닥만 데우는 것이 아니라 유도 전류를 이용해 밥솥 전체를 데우는 것이다.

농약이
필요 없는
식물이 있다고?

요즘은 과일 하나도 안심하고 먹을 수가 없다. 농약 걱정 때문이다. 인구는 점점 늘어나고 그만큼 많은 식량을 생산해야 하므로 농약을 쓰는 것은 어쩔 수 없는 선택이다. 하지만 농약에 내성을 가진 해충들이 등장해 농약의 효과는 점점 감소하고, 농약을 뿌리는 데 드는 비용은 점점 증가하는 악순환이 생기고 있다. 게다가 농약은 해충에만 영향을 미치는 것이 아니라 자연의 균형도 깨뜨려 결국 인간과 환경 전체에 위협을 주고 있다.

그렇다면 농약의 이점만 살릴 수는 없을까? 유해한 해충만 쏙쏙 골라 없애면서도 인간을 비롯한 다른 생물에는 해를 끼치지 않고 자연적으로 분해되어 사라지는 그런 농약이 과연 가능할까? 물론 가능하다. 그것은 바로 식물 농약이다. 식물 농약이란 식물로 만든 농약이 아니라 농약 기능을 가진 물질을 몸속에 지니고 있어서 스스로 방어할 수 있는 식물을 말한다. 식물 농약은 어떤 과정을 거쳐 만들어졌을까?

1911년 흔히 Bt라고 하는 바실러스 투린지엔시스(Bacillus thuringiensis) 박테리아가 발견되었다. 이 놀라운 박테리아는 해충의 소화 기능을 방해해 죽게 하는 독소를 분비하는데, 이 독소

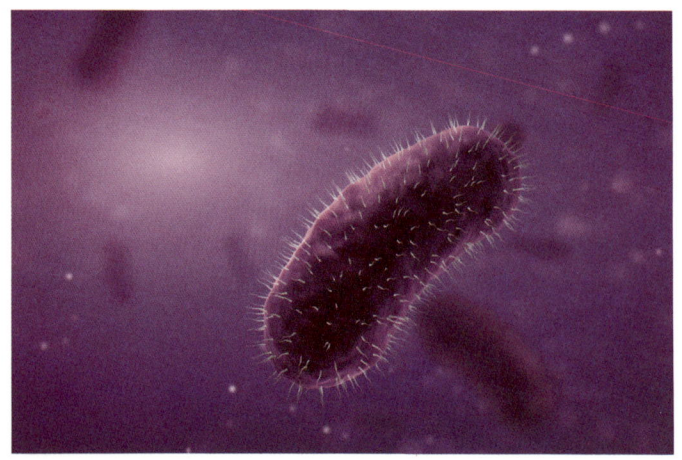

무공해 미생물 농약에 이용되고 있는 Bt 박테리아

는 해충이 아닌 생물이나 포유동물에는 해를 주지 않는다. 그래서 특정 해충에만 반응하는 280여 종의 Bt가 무공해 미생물 농약으로 널리 이용되게 되었다.

하지만 미생물 농약도 식물에 직접 뿌리는 것이라 모든 농약이 그렇듯 짧은 기간 동안에만 성능을 보이고, 그 성분이 사라지면 다시 해충의 피해를 입게 된다는 약점이 있었다. 그래서 더 장기적으로 효과를 볼 수 있는 농약이 필요했다.

유럽조명나방

그래서 식물에 Bt 유전자를 삽입해 농약이 따로 필요 없는 식물 농약을 개발하였다. Bt 유전자로 인해 이 식물은 독성 단백질을 만들어 낸다. 해충이 이 식물을 먹으면 소화관의 세포에 독성 단백질이 붙어서 세포막의 삼투 능력에 이상이 생겨 바로 죽는다. 해충의 소화관은 물에 잘 녹는 알칼리성인 데 비해 포유류의 소화관은 산성이므로 독성 단백질을 파괴하는 산이 곧바로 분비된다. 따라서 포유류는 Bt 유전자를 섭취해도 안전하다.

주요 농작물에 유용한 유전자를 삽입해 이용할 수 있는 가능성은 무한하다. 과학자들은 가뭄이나 열 혹은 추위에 대한 저항성 유전자를 분리해 농작물에 성공적으로 이식했다. 척박한 땅에서 밀을 생산하고 추운 지역에서 옥수수를 생산하게 되면 세계의 식량 공급에 큰 기여를 할 뿐 아니라 지구의 자원을 보전하는 데도 도움이 될 것이다.

지식 더하기 +

Bt 유전자가 삽입된 작물들
가장 성공적인 식물 농약의 예는 옥수수에서 찾아볼 수 있다. 옥수수 재배에서 가장 큰 피해를 가져오는 해충은 유럽조명나방인데 Bt 유전자를 함유한 옥수수는 유럽조명나방으로부터 스스로를 보호한다. 이밖에 콩, 감자, 토마토, 사과, 쌀 그리고 여러 채소 품종에 Bt 유전자가 삽입되어 생산되고 있다. 이런 품종의 도입으로 농약 사용량이 극적으로 줄었다.

사라지고 있는
식물을
다시 살리다

내가 좋아하는 과일나무가 멸종 위기에 처한다면? 혹은 현재 우리나라에서 가장 큰 백송인 서울 재동의 천연 기념물 8호 백송이 죽어 간다면? 다행히도 요즈음은 간단한 방법으로 식물을 복제할 수 있게 되었다.

1800년대 후반 미국 아이오와 주에서 한 그루의 독특한 돌연변이 사과가 나왔다. 이 돌연변이는 매우 맛이 좋아서 '레드 딜리셔스(Red Delicious)'라는 이름이 붙었으며 꺾꽂이 기술에 의해 미국 전역에 퍼졌다. 레드 딜리셔스는 오늘날 가장 인기 있는 사과 품종이다. 만약 꺾꽂이 기술이 없었다면 이 돌연변이는 그냥 사라졌을지도 모른다.

꺾꽂이는 간단하다. 복제할 나무에서 가지 일부를 잘라 땅이나 모판에 꽂는다. 그리고 절단된 부위가 뿌리를 만들고 줄기와 잎도 지탱할 수 있을 때까지 적절한 온도, 습도, 공기 흐름, 빛 등의 환경 요인을 맞춰 준다. 이 방법을 통해 엄마 식물과 같은 자손 식물을 계속 생산할 수 있다.

식물에는 그 식물을 재생할 수 있는 부분이 많다. 동물은 일반적으로 생식 세포만 성체가 될 수 있는 데 비해 식물은 모든 세포에서 다시 모든 기관이 온전히 자라나는 능력을 가졌기 때문이다. 식물의 종류에 따라 뿌리, 싹 등 식물의 여러 부분으로부터 새로운 식물을 만들 수 있다.

이번에는 딸기의 경우를 보자. 딸기는 잘라 낸 부위에서 뿌리가 생겨나기 어렵다. 그래서 딸기의 가지를 잘라 내지 않은 상태에서 아래쪽으로 휘어 땅

꺾꽂이 기술을 통해 미국 전역에
확산된 레드 딜리셔스 사과

에 묻는다. 그러면 땅에 묻힌 가지에서 뿌리가 나온다. 이 방법을 휘묻이라고 한다. 휘묻이를 할 때는 일부러 줄기에 상처를 낸다. 상처가 세포의 생장 속도를 빠르게 하기 때문이다.

식물의 줄기나 뿌리를 아주 조금 잘라 잘 키워도 역시 똑같은 식물을 만들 수 있다. 이때는 영양분이 가득한 특수한 액체인 배양액에서 안전하게 키워야 한다. 조직 배양이라고 하는 이 방법은 1960년대 프랑스인 조르쥬 모렐(George Morel)이 병이 없는 난초를 개발하기 위해 식물 조직을 떼어 무균 배양액에서 성공적으로 키워 낸 것이 시초였다. 조직 배양에서는 식물의 여러 부위 중에서도 세포 분열이 가장 활발한 생장점과 형성층의 조직이 주로 사용된다. 조직 배양을 통해 재생된 식물은 우수한 품종의 똑같은 복제 식물을 대량으로 만들어 낼 수 있다.

2장

생명 기술,
어디까지 왔을까?

생명 기술이 이용되고 있는 분야는 비단 농업과 식품만이 아니다. 범죄자 검거부터 신에너지 개발에 이르기까지 생명 기술은 다양한 가능성을 보여 주고 있다. 생명 기술은 하나의 거대한 산업으로서 인류와 떼려야 뗄 수 없는 존재로 성장한 것이다. 생명 기술이라는 첨단 산업이 농업을 넘어 다른 분야와 어떻게 접목되고 있는지 그 다양한 모습을 살펴보자.

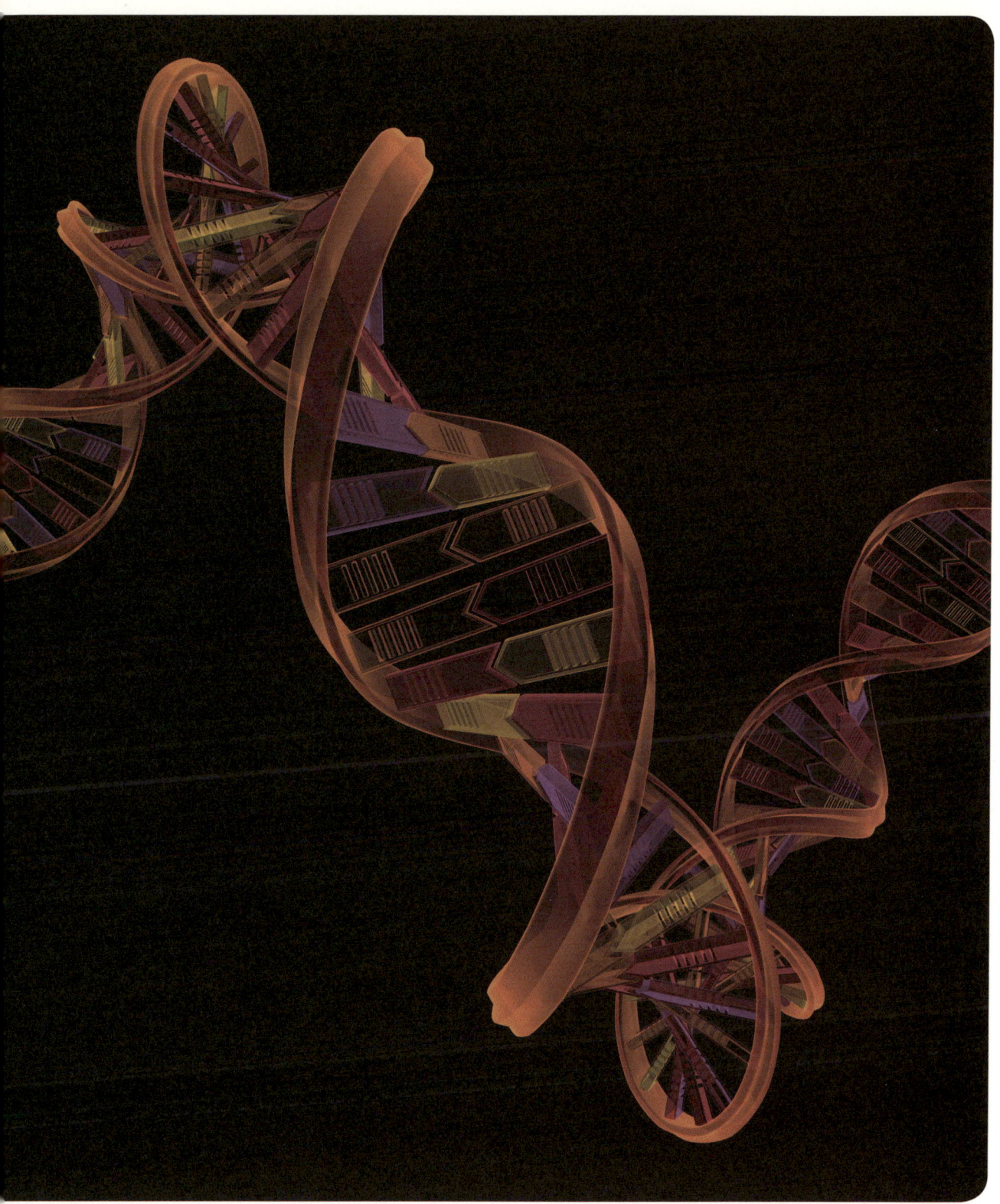

무엇이든
만들어 내는
줄기세포

요즘 들어 장애가 있는 사람들에게 희망적인 뉴스가 많이 들린다. 줄기세포로 잃어버린 청각을 찾는다고 하고 관절도 재생시킨다고 한다. 얼마 전에는 국내 연구진이 독창적인 방법으로 심장이나 피부, 혈관 등으로 분화할 수 있는 만능 줄기세포를 유도하는 데 성공했다고 한다. 줄기세포가 도대체 무엇이기에 이런 일들을 할 수 있는 것일까?

줄기세포란 분화하여 다양한 신체 조직이 될 수 있는 능력을 가진 세포이다. 줄기세포의 종류로는 배아 줄기세포와 성체 줄기세포가 있다. 수정된 지 5~10일이 지난 배아에서 추출하는 배아 줄기세포는 모든 유형의 세포를 생성할 수 있고 누구에게나 이식할 수 있기 때문에 '만능 세포'라고도 한다. 이미 독일에서는 심근경색 환자를 대상으로 손상된 심장 조직에 배아 줄기세포를 이식해 재생시키는 연구가 성공을 거두었다. 하지만 배아를 둘러싼 윤리적인 문제 때문에 치열한 논쟁의 대상이 되고 있다. 게다가 수용자의 몸이 거부 반응을 보여 악성 종양을 만들 수도 있다.

그에 비해 성체 줄기세포는 골수에 바늘을 찔러 뽑아내므로 윤리적인 문제가 없다. 사람으로부터

미세하게 촬영한 줄기세포

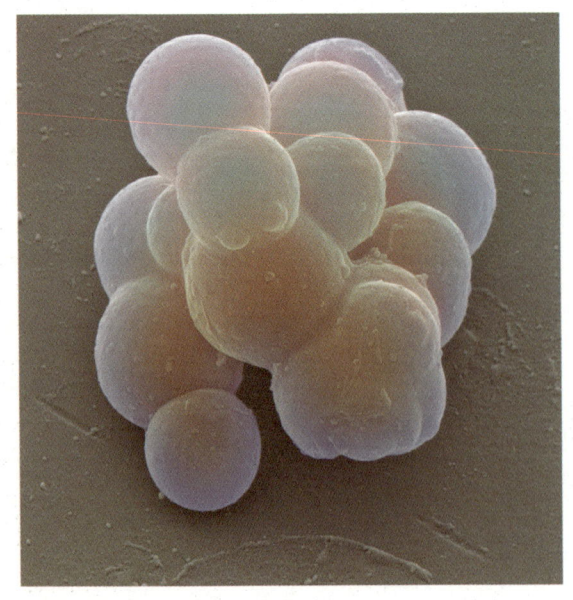

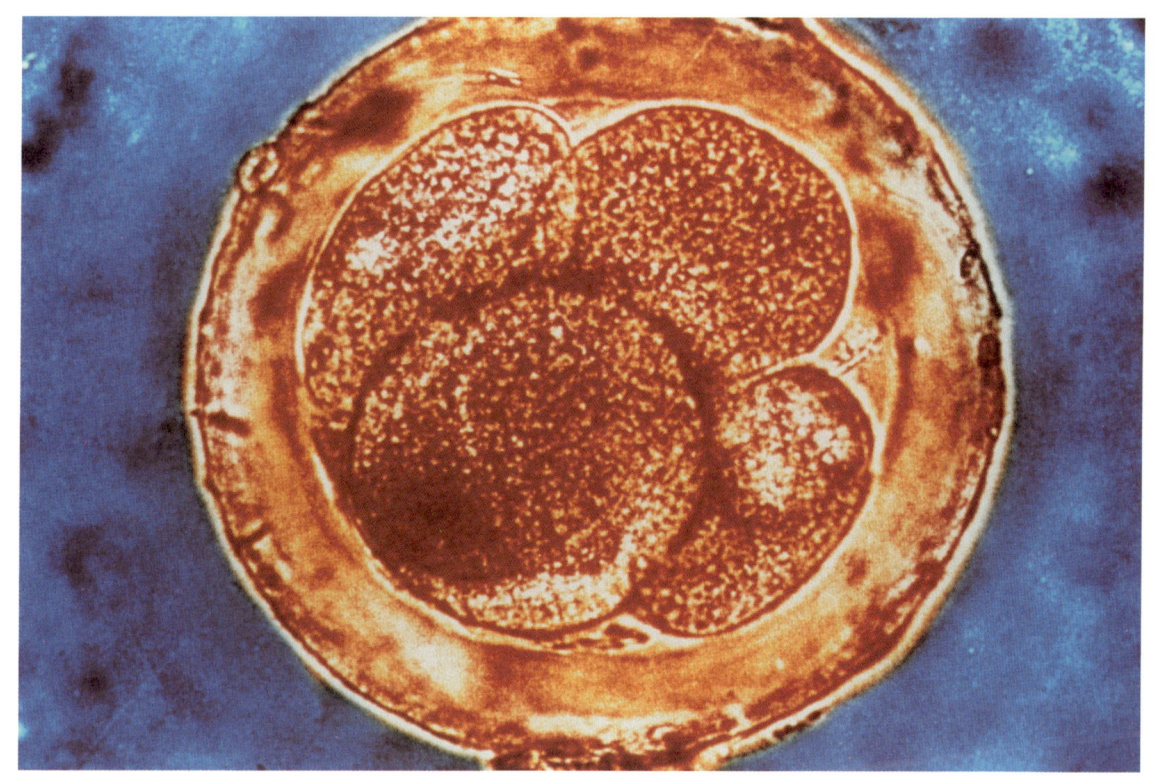

인간 배아의 현미경 촬영 모습

아무런 위험 없이 추출할 수 있고 거부 반응이 나타날 우려 없이 본인에게 다시 이식할 수 있다는 것도 장점이다. 하지만 성체 줄기세포는 추출할 수 있는 양이 한정적이며 추출한 사람의 신체적 결함을 그대로 가지고 있다. 또한 배아 줄기세포보다 분화 능력이 떨어지고 증식 능력과 생존 기간도 더 제한적이다.

태어날 때 태반과 탯줄에 있는 혈액인 제대혈에도 줄기세포가 많이 들어 있다. 그래서 제대혈을 오랜 기간 냉동해 두었다가 원래 소유자의 몸에 이상이 생기면 다시 사용할 수 있도록 서비스를 제공하는 의료 회사들도 있다.

DNA야,
범인을 잡아라!

"탕! 탕! 탕!"

어두컴컴한 밤, 조용한 마을의 한 가정집에서 총소리 몇 방이 들린다. 한적한 마을에 늦은 시각이라 목격자도 없다. 이때 출동한 과학 수사대. 집안 구석구석을 살피며 범인의 흔적을 찾아낸다. 요원은 혹시 묻어 있을지 모를 범인의 지문을 찾기 위해 염료를 뿌리고 열심히 붓질을 한다. 또 쓰러져 있는 시신 주변에 혈액이 튀어 있는 방향으로 범행 당시 범인의 위치도 알아본다. 미국에서 선풍적인 인기를 모으고 있는 범죄 수사 드라마 〈CSI〉에서 흔히 볼 수 있는 장면이다. 생명 기술이 어떻게 현대 범죄 수사에 이용되는지를 잘 보여 준다.

DNA 나선구조 모형

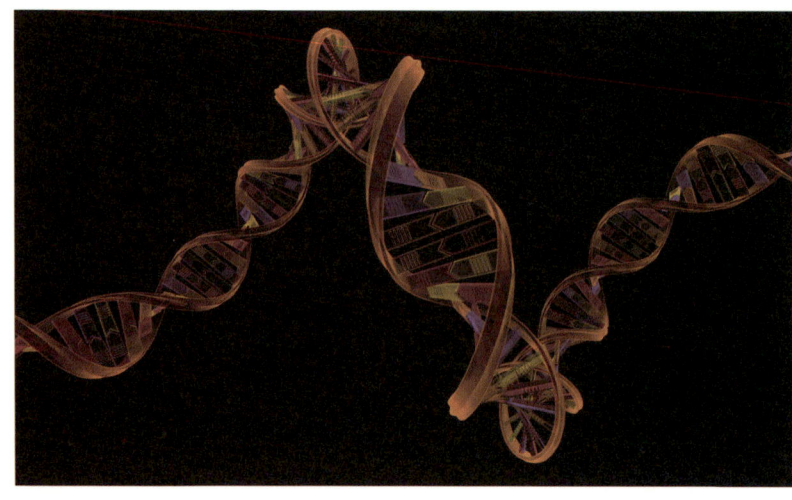

현대 과학 수사의 효시는 손가락 지문 채취였다. 지문은 일란성 쌍둥이 사이에서도 서로 다르기 때문에 1892년부터 신원 확인에 이용되기 시작했다. 범죄 현장에 남아 있는 지문을 통해 범인을 잡기도 하고, 억울한 사람이 범죄자라는 혐의에서 벗어날 수도 있었다.

물론 지금도 지문 감식이 범인을 잡는 데 큰 역할을 하고 있기는 하지만 요즘엔 더욱 확실한 증거로 범인을 꼼짝달싹 못하게 하고 있다. 바로 지문과 비슷한 DNA 지문법, 즉 분자 표지라는 것이다. 범인이 지문을 남기지 않을 수도 있고 수술로 지문을 바꿀 수도 있지만 DNA는 그럴 수가 없기 때문이다.

최초로 DNA를 범죄의 증거로 사용한 것은 1986년 영국에서 일어난 살인 사건에서였다. 이 사건의 용의자는 현장에 남아 있던 DNA를 분석한 결과 누명을 벗고 무혐의로 풀려날 수 있었다. 그 이후 1987년부터 미국 연방 수사국(FBI)과 각 나라의 범죄 연구소에서 DNA를 형사 사건의 생물학적 증거로 사용하게 되었다.

그렇다면 DNA 샘플은 어떻게 얻을까? 그동안 우리가 드라마에서 많이 보았던 장면들을 떠올리면 된다. 먼저 현장에서 혈액, 침, 정액, 머리카락, 이, 뼈, 체액 또는 세포 조직을 수집한다. 범인의 모자에 남은 비듬 한 조각, 전화기나 우표에 묻은 침 한 방울로도 DNA 분석이 가능하다. 이렇게 수집한 표본에서 DNA를 분리하고 특수한 효소로 잘라 내 분석 결과를 얻게 된다.

DNA 분석은 범인 검거뿐만 아니라 친자 감식, 시신 확인 등 다양하게 이용되고 있다. 우리가 아플 때 치료 받는 의학이 사람의 생명을 연장하고 몸을 건강하게 하는 치료 의학이라고 한다면, 지금까지 살펴본 것처럼 범죄 현장에서 억울하게 죽은 사람들의 권리를 찾아 주는 것은 법의학이다.

지식 더하기 ✛

한국의 CSI, 국립 과학 수사 연구소

우리나라 국립 과학 수사 연구소는 DNA 검사와 약물 검사, 영상 분석에서 세계적으로 높은 수준을 인정받을 정도로 성장했다. 이제는 세계 여러 나라에서 국립 과학 수사 연구소에 도움을 청하는 일도 많아졌다. 2004년 인도네시아에 지진 해일이 닥쳤을 때 국립 과학 수사 연구소는 법의학, 유전자 분석, 지문 분석 기술을 총동원해 우리나라 피해자들의 시신을 모두 확인하고 찾아왔는데, 이렇게 한 나라는 우리나라밖에 없었다고 한다.

유전자의
지도를 그리다

　내 몸이 어떤 유전자를 가지고 있는지 정확하게 파악한다면 병을 빨리 치료할 수 있을 것이다. 그러려면 유전자 지도를 알아야 한다. 유전자 지도란 어떤 종류의 유전자가 어떤 위치에 있는지 나타낸 것이다. 나의 유전자 지도는 나를 지키는 설계도인 셈이다. 그럼 이 지구의 모든 사람의 유전자 지도가 다 분석이 된다면 어떻게 될까?

　인간 게놈 프로젝트(Human Genome Project, HGP)는 2005년까지 약 30억 개 염기쌍의 서열을 밝히는 것을 목적으로 한 프로젝트였다. 이 프로젝트는 미국, 영국, 일본, 독일, 프랑스 다섯 개 나라의 공동 연구팀과 셀레라 게노믹스(Celera Genomics)라는 회사의 노력으로 이루어지게 되었다. 게놈이란 한 개체의 유전자가 가지고 있는 총 염기 서열이며, 거의 완전한 유전 정보의 합이다.

　이 프로젝트의 첫 단계는 효모와 선충류 등 다른 종의 게놈 서열을 밝히는 것이었다. 그리고 2006년 6월 인간 게놈의 초기 지도가 발표되었다. 예상보다 5년 앞선 것이었다. 인간 게놈 프로젝트의 결과는 의학과 과학 분야에 많은 충격을 주었다. 이 결과 덕분에 많은 질병의 원인이 되는 유전자가 염색체에서 어떤 위치를 차지하고 있는지 알게 되었다.

　인간 게놈 프로젝트를 통해 과학자들은 다양한 질병과 관련한 유전자에 대한 연구 성과를 얻을 수 있었지만, 여기에는 모든 환자에게 일괄적으로 적용할 수는 없다는 한계가 존재한다. 예를 들어 현재 DNA 분석을 기반으로 개발되어 있는 새로운 폐암 치료제는 전체 폐암 환자의 약 5퍼센트에게만 효과가 있다.

따라서 이제 인간 게놈 프로젝트는 인간이라는 종에 대한 유전자 분석을 넘어 인간 개개인에 따른 유전자 분석이라는 단계로 나아가고 있다. 개인의 유전자를 분석하는 비용도 생명 공학 기술의 발달에 따라 점차 낮아질 것으로 예측된다. 미래에는 개인의 유전자 분석이 대중화되고 개인별 맞춤 의학이 발달하게 될 것이다.

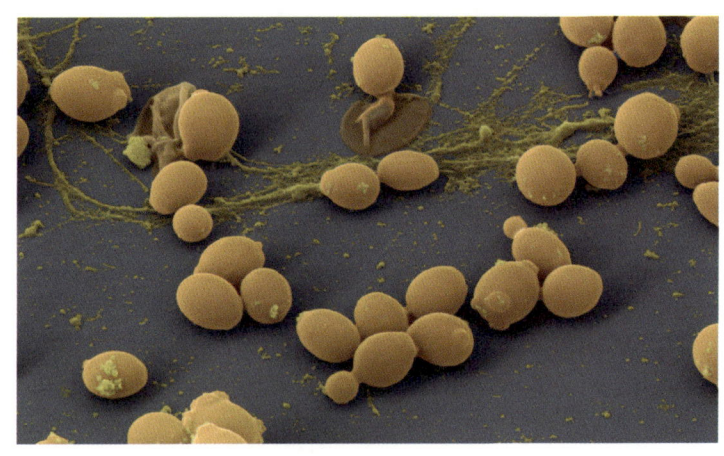

효모의 게놈 서열은 인간의 게놈보다 먼저 연구되었다.

지식 더하기 ✚

인간의 유전자 개수는?

본격적인 인간 게놈 프로젝트를 시작하기 전, 학자들이 다른 생물들의 게놈 서열을 밝혀 보니 초파리의 경우 유전자의 개수가 1만 3700개 정도였고 다른 생물들도 이와 비슷하거나 좀 더 많은 정도였다. 따라서 생물학자들은 인간이 더욱 복잡한 생명체이므로 대략 10만 개의 유전자를 가지고 있을 것으로 추정했다. 단순한 생물들에 비해 복잡한 생물들이 많은 유전자를 가지는 경향을 보이기 때문이다. 하지만 인간 게놈 프로젝트가 끝나고 보니 10만 개에 달할 것이라고 생각했던 인간의 유전자 개수는 대략 2만 3000개밖에 되지 않았다. 복잡한 생명체에서는 단백질의 개수가 아닌 단백질이 생성된 후 특정한 상황에서 단백질에 일어나는 인산화와 같은 변형과 단백질과 단백질 사이의 복잡한 상호 작용을 통하여 세포 내의 기능이 매우 정교하게 조절된다는 것이 최근의 연구를 통하여 밝혀졌다.

환자를 살리는
인슐린

의학 기술이 발달한 현대 사회지만 당뇨병 환자는 오히려 과거보다 늘어나고 있다. 서구식 식습관이 보편화된 것이 주요 원인으로 꼽히고 있다. 일부 당뇨병 환자는 평생 인슐린을 인공적으로 공급받아야 하는 불편함이 있다. 그런데 생명 기술을 이용하면 이런 불편함을 획기적으로 줄일 수 있다고 한다. 어떻게 그럴 수 있는지 생명 기술과 당뇨병의 관계를 알아보자.

먼저 인슐린이란 이자에서 분비되는 호르몬의 일종이다. 간에서 만들어진 포도당이 혈액으로 빠져나가는 것을 막아 우리 몸의 혈당량을 감소시키는 역할을 한다. 인슐린의 기능이 억제되거나 인슐린의 생산량이 줄어들면 혈당 조절 기능이 마비돼 당뇨병에 걸리게 되는 것이다. 예전에는 인슐린을 인공적으로 만들 수가 없어서, 기증받은 시체나 가축 사체의 췌장에서 인슐린을 추출했다. 따라서 값이 매우 비쌀 뿐 아니라 추출 과정에서 병균이 전파

생명 기술의 발달로 대량 생산이
가능해진 인터페론

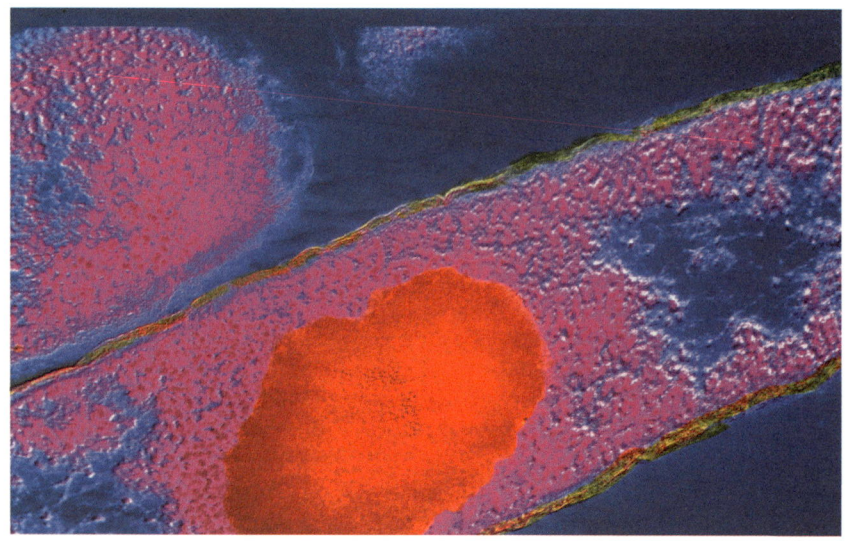

되고 환자에게 면역 거부 반응을 일으키는 문제가 발생하곤 했다.

하지만 유전자 재조합 기술이 발달하면서 인간의 염색체에서 인슐린 유전자를 잘라 대장균의 염색체에 끼워 넣을 수 있게 되었다. 이제 우리 인간은 두 손에 유전자를 마음대로 자르고 이어 붙일 수 있는 가위와 풀을 가지게 된 셈이다. 이렇게 하면 얼마든지 대량 생산이 가능하다. 대장균은 보통 20분 만에 1번씩 분열한다. 그렇다면 유전자가 재조합된 대장균 1마리는 1시간 후에는 8마리, 10시간 후에는 134,217,728마리로 불어나는 것이다. 플라스크에 영양액을 붓고 인슐린 유전자가 조합된 대장균을 넣은 뒤 37도의 따뜻한 곳에 놓아두면 대장균은 삽시간에 불어나 플라스크 가득 인슐린을 만들어 놓는다. 대장균이 분비한 인슐린을 수거하고 새 영양액을 부어 주면 대장균은 또다시 수많은 인슐린을 만들기 시작한다.

1978년 미국의 지넨테크(Genentech) 회사가 최초로 대장균에서 인슐린을 합성한 이래 이 기술은 유전자 재조합의 가장 대표적인 성공 사례로 꼽히고 있다. 이 방법의 장점은 대량 생산을 통해 사람들이 값싸고 손쉽게 이용할 수 있다는 점 외에도, 인간의 유전자를 이용해 생산한 의약품이므로 안전하다는 점이다. 이렇게 생명 기술은 난치병 치료에도 큰 몫을 담당하고 있다.

지식 더하기 ✚

인터페론 이야기

생명 기술을 이용해 약품을 상업적으로 대량 생산한 또 다른 성공 사례는 바로 인터페론이다. 인터페론은 면역 기능을 자극하는 단백질을 증가시켜서 감염을 막는 천연 물질이다. 1957년에 발견된 인터페론은 바이러스의 공격에 대항하기 위해 인체의 세포에서 만들어진 것이었다.

처음 인터페론은 그 유용성이 알려지고 나서도 의약품 시장에 널리 이용되지 못했다. 몸에서 생산되는 양이 너무 적으므로 1그램의 인터페론을 얻는 데 9만 명의 혈액이 필요했고 그 순도도 오직 1센트에 불과했기 때문이다. 1978년에 이처럼 순도가 낮은 인터페론을 한 번 주사하는 데 드는 비용은 무려 5만 달러였다.

하지만 생명 기술 덕분에 이러한 상황은 극적으로 변하게 되었다. 1980년 스위스의 연구자들은 사람의 인터페론 유전자를 박테리아에 도입했다. 이는 최초로 인간의 유전자를 박테리아에 도입한 사례였다. 유전자가 조작된 한 개의 세포로부터 수백만의 박테리아를 복제해 인터페론을 싼값에 대량 생산할 수 있게 되었다. 1980년대 중반에 인터페론의 공급량은 급격히 증가하기 시작했고 고순도 인터페론 주사의 생산비는 1달러로 떨어졌다.

이제 인터페론은 이식 수술을 받은 환자의 바이러스 감염을 막는 것 외에도 감기 같은 여러 바이러스성 질환의 치료와 항암제로 이용되고 있다.

버릴 것이 없는
바이오매스 에너지

비싼 기름값 때문에 사람들이 못살겠다고 아우성이다. 오늘날 공장에서 쏟아져 나오는 제품들도, 24시간 내내 세상을 환히 밝히는 불빛도 모두 화석 에너지에 의존하고 있기 때문이다. 현재 우리의 에너지 시스템은 석유, 석탄, 천연가스와 같은 화석 에너지에 기대고 있다. 이로 인해 환경오염과 지구 온난화 그리고 자원 고갈이라는 문제가 닥쳐와 위기감이 커지고 있다.

이를 해결하고자 생명 기술은 화석 연료의 대안으로 바이오매스 에너지

인도에서 코코넛 껍질을
바이오매스 에너지
발전기에 넣고 있는 모습

를 제시하고 있다. 바이오매스 에너지의 장점은 순환이다. 나무를 태우면 열을 생산하고, 연기와 가스는 하늘로 올라가 구름이 되어 비를 땅에 뿌린다. 비를 맞은 나무는 성장하여 다시 땔감으로 사용된다. 이처럼 쓰고 버리는 것이 아니라 재생산과 재사용을 할 수 있는 자연의 시스템을 그대로 이용하는 것이 바이오매스다. 나무 땔감, 소똥, 음식 쓰레기의 악취 등이 바이오매스이고 여기에서 에너지를 추출한 것이 바이오매스 에너지다.

바이오매스 연료가
타고 남은 찌꺼기
(사진 : 위키미디어)

　　바이오매스는 환경을 그대로 이용하기 때문에 친환경적이고, 주변에서 쉽게 얻을 수 있어 자본이 적게 든다. 바이오매스를 에너지로 변환하는 방법은 크게 세 가지가 있다. 첫째, 직접 태워서 얻은 에너지를 사용하는 방법이다. 둘째, 바이오매스를 미생물로 발효시켜 에탄올, 수소 가스 등을 얻는 방법이다. 셋째, 바이오매스를 공기가 통하지 않는 곳에서 썩혀 에탄올, 메탄가스, 매립가스 등을 얻는 방법이다.

　　우리나라의 바이오매스는 풍부하다. 따로 나무를 심거나 식물을 키우지 않더라도 음식물 쓰레기, 축산 분뇨, 나무 찌꺼기, 짚더미 등만 잘 이용해도 상당한 바이오매스 에너지를 얻을 수 있어 그 가능성이 매우 크다.

3장

미래의
생명 기술

생명 기술은 지금까지 우리 생활에 많은 영향을 미쳐 왔다. 하지만 미래에는 더욱 획기적인 변화를 가져올 것으로 예상된다. 과학 기술의 발달로 생명 기술이 수준이 나날이 높아지고 있기 때문이다. 지금은 상상하지도 못하는 일들이 생명 기술로 인해 일상적인 것으로 바뀌게 될 것이다. 구체적으로 어떤 생명 기술들이 우리를 기다리고 있는지 살펴보자.

장기를
교체한다,
바이오 장기

　자동차는 고장이 나면 카센터에 가서 부품을 갈아 끼워 말끔히 고칠 수 있다. 사람도 신체에 이상이 생겼을 때 자동차 부품처럼 이것저것 바꿀 수 있으면 얼마나 좋을까? 눈이 보이지 않으면 새 눈으로 바꾸고, 다리가 부러지면 새 다리로 바꾸는 식으로 말이다. 과연 꿈만 같은 이야기일까? 꼭 그렇지만은 않다. 재생의학의 시대가 머지않은 미래에 올 것으로 예상되고 있다.

　재생의학은 유전자 치료, 세포 치료, 장기 이식 등 새로운 개념의 여러 의료 기술을 포함하고 있는데 그중에서도 가장 효과적인 치료 방법은 바이오 장기가 될 것이다. 바이오 장기란 각막, 연골, 피부, 혈관, 간, 심장, 폐, 췌장 등 인간의 장기와 같은 기능을 갖는 기기를 인공적으로 만든 것이다. 바이오 장기는 난치병 해결을 위한 차세대 생명 공학의 핵심으로 꼽히고 있다.

　바이오장기를 현실화하기 위해서는 다른 동물의 몸에서 인간에게 맞는 세포와 장기를 생산해 이것을 인간의 몸에 이식하는 기술이 개발되어야 한다. 특히 돼지는 다른 동물과 비교해 사람과 유전적으로 가장 유사하고 장기의 크기도 비슷해서 바이오 장기를 생산하는 데 가장 적절한 동물로 평가받는다. 따라서 장기 제공용 무균 돼지를 생산하는 체계가 구축되어야 한다.

　현재 가장 유력한 것은 미니 돼지를 이용한 방법이다. 미니 돼지는 평균 80킬로그램으로 몸무게나 장기의 크기가 사람과 비슷하다. 면역 거부 반응을 극복한다면 미니 돼지를 통한 바이오 장기는 수많은 환자에게 도움을 줄

수 있을 것이다. 2015년이면 전 세계에서 장기 이식을 기다리는 환자가 158만 명에 이를 것으로 추정된다.

하지만 이렇게 다른 생물들 사이의 장기 이식은 동물로부터 병이 옮을 우려가 있다. 또한 동물의 권리, 생명 복제 기술의 적용이라는 문제점도 안고 있다.

장기 이식용 미니 돼지 '믿음이 1, 2'

지식 더하기✚

우리나라의 장기 이식용 미니 돼지 '제노'
한국 생명 공학 연구원과 국립 축산 과학원 그리고 단국대, 건국대, 전남대 연구팀으로 이뤄진 바이오 신약 장기 사업단은 장기 이식용 복제 미니 돼지 '제노'를 만들었다. 제노의 특징은 알파갈을 갖고 있지 않다는 점이다. 알파갈은 영장류를 제외한 대부분의 포유류가 갖고 있는 유전자로 인간의 몸에서 면역 거부 반응을 불러올 수 있다. 이로써 한국은 미국에 이어 알파갈 유전자를 제거한 복제 미니 돼지를 만든 두 번째 나라가 됐다. 하지만 아직도 면역 서부 반응 문제가 완전히 해결된 것은 아니므로 바이오 장기가 일상화되기까지는 좀 더 시간이 필요하다.

자연을
따라 하라,
생체모방

딱정벌레의 껍데기는 갑옷만큼이나 단단하다. 파리는 선회, 회전, 후진, 8자 비행 등 다양한 비행 기술을 가지고 있다. 생명체들의 놀라운 능력은 끝이 없다. 이런 뛰어난 능력을 모방해 우리 생활에 적용시키려는 연구가 본격화되고 있다. 바로 생체모방학이다. 살아 있는 생물의 독특한 행동이나 구조, 그들이 만들어 내는 물질 등을 모방해 새로운 기술을 창조하는 것이다. 생체 모방의 모든 바탕은 자연에서 찾을 수 있다. 자연이 과학에 힌트를 주는 셈이다.

아직 일반적으로 널리 쓰이고 있지는 않지만 다양한 생체모방학 기술이 개발되어 있다. 홍합의 흡착 단백질을 가지고 만든 하이브리드 접착제는 수술 후 상처 부위를 붙이는 데 실 대신 이용할 수 있다. 홍합의 콜라겐 단백질로 만든 인공 피부는 사람의 피부보다 다섯 배나 질기고 열여섯 배나 잘 늘

생체모방학에서 주목받는
곤충, 딱정벌레

어난다. 요즘 생체모방학에서 가장 주목하고 있는 생물은 곤충이다. 곤충의 뇌신경은 척추동물보다 단순한 구조인데도 기억이나 학습면에서 뛰어난 기능을

(위) 벨크로를 착안하는
계기가 된 엉겅퀴
(아래) 옷의 여밈 장치 등으로
많이 활용되는 벨크로

가졌기 때문이다. 로봇을 만
드는 데도 곤충의 자유롭고
날쌘 움직임이 바탕이 되어
주고 있다.

생체모방학은 천체 기술
에도 영향을 미치고 있다. 지
금까지는 지구 밖으로 나간
우주선의 선체에 상처가 나
면 우주인이 직접 나가거나 로봇팔을 동원해 수리를 해야 했다. 그런데 영국
브리스톤 대학교의 항공우주공학과 연구팀은 우주선에서 액체가 흘러나와
상처를 메워 주는 획기적인 우주선 소재를 개발했
다. 이는 상처가 났을 때 피부에서 혈액이 나와 응
고되는 원리를 응용한 것이다. 이렇듯 생체모방학
은 '모방은 창조의 어머니'라는 말을 가장 잘 보여
주는 사례라고 할 수 있다.

지식 더하기

우리 주변의 생체모방학, 벨크로
상어 비늘을 응용한 최첨단 수영복, 벌집을 응용한 건축 자
재 등 자연을 모방한 기술 중 일부는 이미 일상화되어 있다.
이중 가장 친숙한 물건은 이미도 벨크로일 섯이다. 우리가
흔히 찍찍이라고 부르는 벨크로는 엉겅퀴의 갈고리를 흉내
낸 것이다.

건강을 책임지는 바이오칩

아침에 깨어나 화장실 좌변기에 앉았다 일어나니 주치의의 화상 전화가 걸려 온다. 주치의는 혈압이 상당히 높은 편이라며 처방전을 이메일로 보냈으니 약국에 꼭 가라고 당부한다. 좌변기에 설치된 바이오칩이 있으면 가능해질 일이다.

인간 게놈 지도가 밝혀진 후 그다음으로 가장 주목받고 있는 분야는 바이오칩이다. 바이오칩이란 생물의 효소, 단백질, 항체, DNA, 세포 같은 생체 유기물을 반도체에 조합해 반도체 칩 형태로 만든 것을 말한다. 바이오칩을 제작하는 전 과정에는 생명 기술 외에도 전자공학, 반도체공학 등 첨단 IT 기술이 접목되어 있다.

바이오칩의 기본 원리는 이렇다. 순도가 높고 크기가 매우 작은 유리 기판 위에 미세한 구멍을 뚫는다. 이 구멍 속에 생명체의 분자를 넣는다. 빛, 자기, 전기, 가스 등 외부 자극을 가하면 이 분자가 나타내는 반응을 이용해 생명체의 구조와 작동 원리를 파악한다.

바이오칩을 이용하면 생물의 생명 현상에 대한 근본적 원리와 구조를 분석해 새로운 치료제를 개발하거나 인간의 뇌가 정보를 처리하는 구조를 알아낼 수 있다. 맨 처음의 예에서 보았듯이 질병을

바이오칩

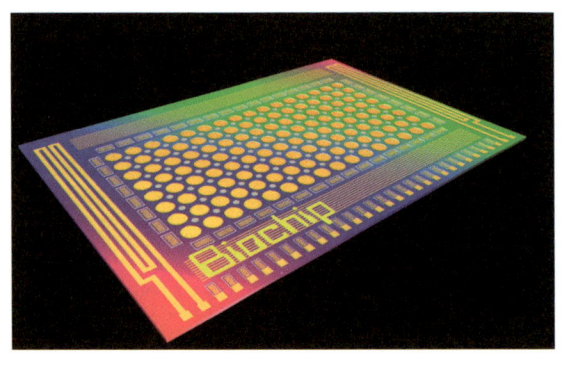

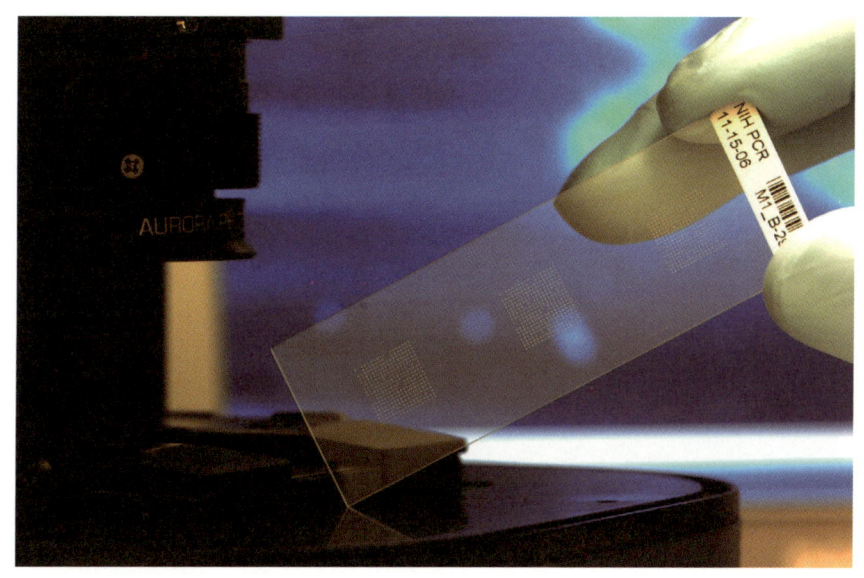

바이오칩 시스템은 단백질 배열 검사로 약 15분 안에 전염병 변종을 식별할 수 있다.

진단하고 예측하는 것도 훨씬 수월해진다. 인간에게 필요한 인공 유전자를 개발할 수도 있다. 황금알을 낳는 미래 산업인 바이오 신약, 바이오 장기 개발도 바이오칩 없이는 불가능하다.

의학 분야뿐만이 아니다. 바이오칩을 장착한 바이오 컴퓨터는 지금까지는 처리하는 데 한계가 있었던 새로운 형태의 정보까지도 다룰 수 있을 것이다. 이 외에 바이오칩은 여러 생물학적 전자 부품에도 응용될 수 있어 그 가능성이 무궁무진하다. 바이오칩으로 인해 새로운 부가가치를 가진 산업이 창출돼 산업 구조가 지금과는 완전히 다른 방향으로 바뀌게 될 것이다.

지식 더하기

우리나라의 바이오칩 특허
국립 수의과학 검역원은 첨단 바이오칩 기술을 이용해 실시간으로 단 한 마리의 대장균까지도 검출할 수 있는 방법을 국제 특허에 출원했다. 이 방법을 활용하면 축사 안의 병원균을 현장에서 바로바로 알아낼 수 있이 가축의 질병을 예방할 수 있다. 조류독감같이 동물을 통해 옮는 심각한 전염병도 미리 막을 수 있을 것이다.

4장

끝나지 않은
논쟁

생명 기술은 많은 성과를 내어 왔지만 그렇다고 해서 생명 기술이 인류를 구원할 것이라는 맹목적인 기대는 위험하다. 생명 기술은 생명체를 다루는 만큼 윤리적, 도덕적으로 해결해야 할 문제들이 남아 있기 때문이다. 생명 기술의 올바른 발전과 사용을 위해서는 현재 생명 기술을 둘러싼 쟁점에 관해 올바른 해답을 찾아내고 보완해 발전시킬 필요가 있다. 생명 기술에 어떠한 문제점들이 제기되고 있는지 살펴보자.

무르지 않는
토마토는
안전할까?

생명 기술은 마냥 긍정적이기만 한 것일까? 어떤 사람들은 인류의 여러 문제들을 생명 기술이 단숨에 해결해 줄 거라고 기대하지만 실제로는 생명 기술을 둘러싸고 많은 논란이 일어나고 있다.

현재 브라질에서는 사탕수수를, 미국에서는 옥수수를 이용한 바이오 에탄올을 생산해 판매하고 있다. 세계 최대 바이오매스 생산국인 브라질에서는 바이오 연료가 석유값과 비교가 되지 않게 싸다. 미국에서는 바이오 에탄올 생산을 늘리기 위해 옥수수 재배 농가에게 막대한 지원금을 주고 있다. 하지만 이렇게 식량을 연료로 전환하다 보니 설탕과 옥수수의 값이 뛰어 식량 가격의 폭등을 부르고 있다. 우리가 즐겨 먹는 시리얼이나 과자류의 가격이 계속 오르는 이유도 여기에 있다.

생명 기술은 새로운 생명체를 인공적으로 개발해 기아 문제를 해결하고 의학 분야에 기여할 수 있다. 언뜻 보면 환영할 일이지만 변태 동식물의 탄생으로 생태계 혼란이 올 수 있다. 이를 섭취하는 인간에게 어떠한 영향을 끼칠지 검증도 되어 있지 않다. 생명 기술은 인간 유전자 구조에 직접 개입할 수 있기 때문에 인간 복제와 같은 반인륜적인 연구가 진행될 수도 있다. 유전자 조작 식품

유전자 변형 토마토로
만들어진 식품

을 중심으로 이 문제를 좀 더 자세히 들여다보자.

1973년 유전자를 변형할 수 있는 기술이 개발되면서 다른 두 종류의 생물 사이에서 각각의 유전 물질을 끄집어내어 이어 붙이는 일이 가능해졌다. 최초로 개발된 유전자 변형 식품(GMO)은 토마토에다 얼지 않는 성질을 가진 넙치의 유전자를 넣어 완성시킨 '무르지 않는 토마토'이다. 1994년 미국의 칼진 사가 개발해 미국 식품 의약국(FDA)의 심사를 통과해 처음 시판됐다. 덕분에 더운 지방에서 수확한 토마토가 추운 곳에서도 그 형태와 성질을 유지할 수 있었다. 이러한 성공을 바탕으로 미국의 종자 회사인 몬산토 사가 제초제에 내성이 있는 콩을 개발했다. 제초제를 뿌리면 콩만 살아남고 나머지 식물은 다 말라 버리는 것이다. 이어서 스위스의 노바티스 사는 병충해에 내성을 가진 옥수수를 개발했다.

이렇게 GMO 개발 경쟁에 불이 붙으며, 제초제나 해충에 잘 견디고 오랫동안 보관할 수 있는 종자들이 나왔다. GMO는 마치 인류의 구원자로 보였다. 세계 인구가 2070년에는 100억에 이를 것으로 추정되어 식량 부족 현상이 발생할 텐데 이를 해결할 근본적인 대책이 마련되었기 때문이다.

하지만 GMO에 대한 찬반 논란이 계속 진행 중이다. 유럽 등 GMO를 반대하는 쪽은 GMO를 장기간 섭취한 실험용 쥐에게서 부작용이 나타난 사례를 들며 인체 안전성을 보장할 수 없다고 우려한다. 또한 GMO는 알레르기를 유발하거나 항생제 내성을 증가시킬 수 있으며, 농약에 끄떡없는 '슈퍼 해충'과 '슈퍼 잡초'의 등장을 낳을 수도 있다. 더 나아가 다른 작물의 유전자 오염을 초래할 위험도 있다. 이런 문제를 해결할 방법을 찾는 것이 시급하다.

지식 더하기 ✚

우리 시장에도 GMO가 있다?

유전자의 인위적인 조작으로 창출된 생물로 보통 유전자 변형 식품을 의미하는 GMO는 생식이나 번식이 가능하지 않은 것이다. 대표적인 GMO 작물로는 콩, 옥수수, 감자, 토마토, 호박 등이다. 우리나라에서 유통되는 콩과 옥수수 중에는 미국에서 들여오는 GMO가 많다.

강아지 복제는
윤리적일까?

강아지를 키우는 사람들에게 강아지는 애완동물이 아니라 가족이나 마찬가지이다. 그런데 강아지는 인간보다 수명이 훨씬 짧다는 것이 문제다. 강아지 나이가 15살이면 인간으로는 노인에 가까운 셈이다. 건강했던 강아지가 노안으로 백내장도 오고 심장 뛰는 것도 약해지는 모습을 보면 주인은 마음이 아프다. 그러다 보면 이런 상상이 들 법도 하다. 우리 강아지를 복제해서 영원히 함께 살 수는 없을까? 실제로 이런 일이 현실이 될지도 모른다.

복제양 돌리

1996년 7월 5일 영국 로슬린 연구소의 이언 윌머트와 키스 캠벨은 복제양을 탄생시키는 데 성공했다. 6년생 양의 체세포에서 채취한 유전자를 핵이 제거된 다른 암양의 난자와 결합시켜 이를 대리모 자궁에 이식해 새끼 양을 낳게 한 것이다. 최초의 포유동물 복제 기록을 갖게 된 이 양의 이름은 돌리였다. 수정란을 나누어 복제하는 방법은 그 전에도 이미 존재했다. 1981년부터 쥐를 시작으로 양, 토끼, 소 따위를 국내외에서 복제하는 데에 성공했다.

하지만 완전히 자란 다른 포유동물의 세포로부터 복제된 포유동물은 돌리가 처음이었다. 이른바 체세포를 이용한 복제 기술의 성공을 알리는 신호였다. 역사상 가장 유명한 양이었던 돌리는 웨일스 산양과의 사이에서 모두 여섯 마리의 새끼를 낳았다. 평생 연구소에서 지내야 했던 돌리는 결국 실내에 수용된 양들에게 흔히 나타나는 전염성 폐질환에 걸려 2003년 2월 안락사되었다. 복제된 지 6년 6개월 만이었다.

1997년 2월에는 돌리를 생산한 기법을 응용해 인간 유전자를 지닌 폴리와 몰리가 탄생했다. 사람에게서 피를 응고시키는 단백질 생산 유전자를 추출해 양의 젖 생산 유전자에 이식시킨 후, 기존의 DNA가 제거된 다른 암컷 양의 난세포에다 이를 넣어서 수정란으로 만드는 방법이었다. 이 수정란을 대리모의 자궁에 착상시켜 태어나게 된 폴리와 몰리의 젖에는 인간 혈우병 치료제가 포함되어 있었다.

복제 기술은 동물 복제를 이용해 인간의 질병까지 치료할 수 있는 가능성을 열었다. 불치병 환자에게는 크나큰 희소식이었다. 그러나 이후 동물 복제에 관한 실험이 걷잡을 수 없이 퍼져 결국 인간 복제 실험에 관한 논쟁으로까지 치달았다. 인간 복제에 관한 윤리 문제는 특히 종교계를 중심으로 확산되었다. 인간이 신의 영역인 생명의 창조에 손을 대는 것은 잘못이라는 것이다.

돌리가 똑같은 실험을 거친 난자 277개 중에서 유일하게 성공한 결과라는 사실도 인간 복제 실험에 반대하는 근거가 되었다. 인간 복제의 과정에서 인간이 될 가능성을 지닌 수정란을 그만큼 많이 폐기하는 것은 곧 살인과 같다는 논리이다. 논란이 계속되자 유네스코는 복제 기술 이용에 대한 윤리 협약을 발표했고 여러 나라에서도 복제 기술과 관련된 법을 새로 마련하게 되었다.

지식 더하기 +

우리나라의 복제 소 '흑올돌이'

제주흑우는 검은 털을 가진 한우의 한 품종으로 제주도에서만 자란다. 〈세종실록〉에는 임금님 진상품으로 공출했다는 기록이 남아 있다. 일반 한우보다 불포화지방산이 높아 몸에 좋으나 현재는 멸종 위기에 놓여 있다. 제주대 줄기세포연구센터와 미래생명공학연구소는 2년 전 죽었던 제주흑우 수소를 복제하는 데 성공했다. 이 소는 2009년 9월 9일 태어난 복제 소 '흑올돌이'이다. 연구자들은 냉동 보관한 흑우의 체세포를 이용했다. 핵을 제거한 난자에 흑우 체세포를 융합해 복제 수정란을 만든 뒤 이를 대리모 암소의 자궁에 넣어 송아지로 키운 것이다. 이렇게 오늘날은 우수한 동물 자원이 사라진다 해도 체세포만 확보하면 복원하는 것이 가능하다.

1 알고 가기

EM은 Effective Micro-organisms의 머리글자를 딴 약자로서 유용한 미생물이란 뜻이다. 일반적으로 EM 발효액에는 효모, 유산균, 누룩균, 광합성 세균, 방선균 등 80여 종의 미생물이 들어 있어 악취 제거, 수질 정화, 금속과 식품의 산화 방지, 남은 음식물 발효 등에 탁월한 효과가 있다. 발효 기술을 이용한 생활용품을 직접 만들어 보자.

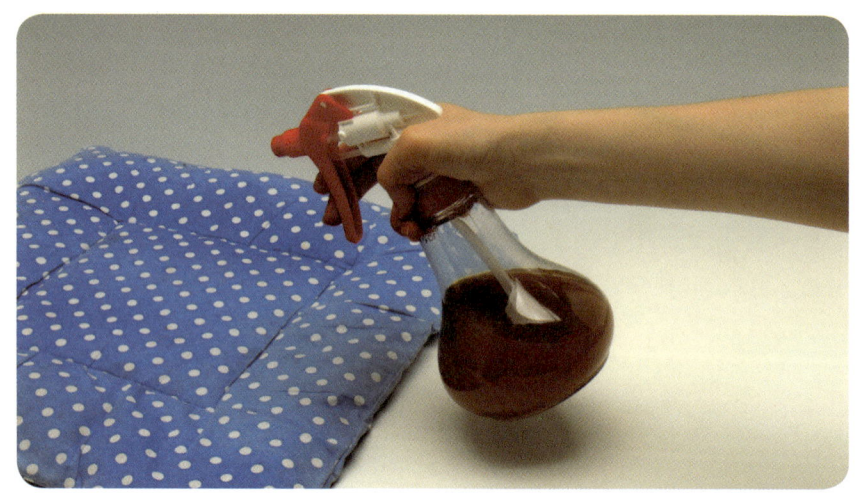

2 재료 소개

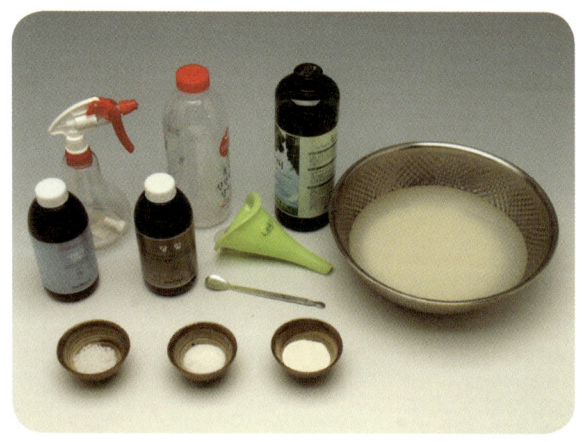

페트병(500ml, 1 l, 1.5 l 중 1개), EM 원액, 설탕 또는 당밀, 천일염, 쌀뜨물 또는 밀가루

3 만드는 과정

01 페트병에 쌀뜨물 1 *l* 를 넣는다.

02 페트병에 설탕 10g, 천일염(소금) 1~2g 을 넣은 뒤 잘 흔들어 섞는다.

03 EM 용액을 10*ml* 이상 넣는다.

04 뚜껑을 닫고 햇볕이 들지 않는 따뜻한 곳에 일주일 정도 놓고 발효시킨다.

4 더 알아보기

EM 발효액은 가정에서 유용하게 쓸 수 있나. 발효액을 물에 10배로 희석하면 설거지할 때 사용할 수 있다. 발효액을 물에 100배로 희석하여 공기 중에 뿌리면 악취를 제거할 수 있다. 또 발효액을 물에 1000배로 희석하여 화초에 뿌리면 해충이나 벌레의 피해를 줄일 수 있다.

1 알고 가기

식물의 생장 환경을 조절할 수 있는 기술이 발달하면서 안정적인 생산과 고품질의 농산물을 재배할 수 있는 식물 공장이 미래 농업으로 떠오르고 있다. 집에서도 생장 환경을 인위적으로 제공하여 간단한 식물 공장을 만들 수 있다. 흙을 사용하지 않고 물만으로 식물을 키우는 수경 재배를 시도해 보자.

2 재료 소개

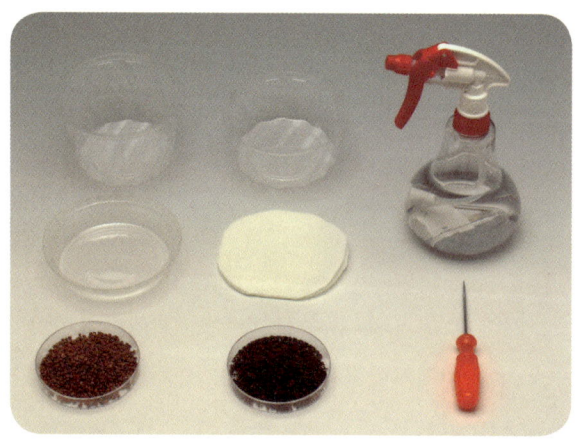

일회용 플라스틱 용기(팥빙수 용기 대(大), 소(小), 뚜껑) 송곳, 키친타월, 새싹 씨앗(무씨, 적무씨, 브로콜리 등이 가능한데 반드시 일반 씨앗이 아닌 새싹용 씨앗을 준비해야 한다.)

3 만드는 과정

01 송곳으로 받침이 될 부분과 뚜껑 부분에 구멍을 뚫는다. 받침이 될 뚜껑 부분은 구멍을 촘촘한 간격으로 뚫는다. 구멍이 뚫린 받침에 키친타월을 적당한 크기로 자른 후 물에 적셔 얹는다.

02 적신 키친타월 위에 새싹 씨앗을 서로 겹치지 않도록 적당한 간격을 유지하면서 뿌린다.

03 일주일 후 새싹이 자란 것을 확인한다. 먹을 수 있을 만큼 자라면 음식에 곁들이거나 요리해 먹는다.

4 더 알아보기

겉피가 단단한 새싹 씨앗은 물에 불린 후 재배하면 좋다. 물에 불렸을 때 물 위에 뜨는 씨앗은 버린다. 새싹용 씨앗은 떡잎만 돋기 때문에 키워도 더 성장하지 않는다. 하지만 영양 성분은 풍부하다. 특히 무 새싹은 비타민 A와 비타민 C, 칼륨이 풍부하다.

1 생명 기술 분야의 전망은 어떠할까?

21세기는 단순히 질병을 치료하고 예방하는 차원이 아니라 건강하고 행복하게 장수하는 것이 삶의 목표가 되는 시대이다. 유전공학은 인류가 건강한 삶을 가꾸는 데에 결정적인 도움을 제공하고 있다.

유전공학이 발달하면서 바이오 산업 역시 비약적으로 발전했다. 또 세포공학처럼 새로운 분야의 기술이 개발되는 등 다양한 기술이 등장하면서 바이오 산업은 현재 매우 각광받는 산업으로 떠오르고 있다. 특히 평균 수명이 연장되고 고령화가 진행되는 미래 사회에서 생명과 연관된 바이오 산업은 직업적 전망이 매우 밝다.

2 생명 기술 분야에 진출하려면 어떤 재능과 적성이 필요할까?

생명 현상에 대한 관심과 함께 세심한 관찰력, 오랜 기간에 걸친 연구를 감내할 수 있는 인내력이 있는 사람이 이 분야에 적합하다. 또한 생명 기술 분야의 연구 결과가 의학적, 생물학적인 목적으로 실용화되므로 인류의 삶의 질을 높이는 데 공헌하고자 하는 뜻을 가진 사람에게 알맞다.

3 생명 기술 분야를 깊이 공부하려면 어떤 학과로 진학해야 할까?

산업에 이용되는 바이오 기술에는 유전자 진단, 유전자 치료, 유전자 복제 기술, 손상된 장기를 되살리는 재생 의료, 식량난을 해결하기 위한 유전자 조작 농산물 연구 등이 있다. 이러한 분야를 연구하기 위해서는 기본적으로 생명 공학에 대한 이해가 바탕이 되어야 하므로 생명 공학을 전문적으로 공부하는 학과를 선택하는 것이 좋다. 전문 연구소의 경우, 석, 박사 이상의 학력이 필요한 경우도 많다.

생명 기술 분야에서 주목할 만한 직업에는 무엇이 있을까?

4

유전 공학 연구원

유전 공학 연구원은 인위적으로 유전자를 재조합하여 인류에게 유익한 의약 물질, 기능성 물질, 공업 원료 물질 등을 값싸게 생산하거나 이에 필요한 새로운 형질의 생명체를 연구, 실용화하는 일을 한다. 이들의 연구 결과가 인류가 당면한 질병, 식량 부족, 환경오염, 에너지 고갈 등의 문제에 해결책을 제시할 수 있으므로 앞으로 인력 수요가 늘어날 것이다. 주로 식품 회사, 제약 회사, 정부 출연 연구 기관 등에서 일한다.

해양 개발 전문가

우리나라는 삼면이 바다이므로 해양 자원을 통한 대체 에너지 개발이 시급한 상황이다. 따라서 미래의 식량 자원과 에너지 자원의 보고인 바다 생태계를 보호하고 개발하는 일을 하는 해양 개발 전문 분야의 인력 수요가 늘어날 전망이다. 해양 개발 전문가는 해양법과 해양 생태계, 해저 지질을 이해하고 이를 보전, 개발하는 일을 하는 전문가다.

현재 전공자의 배출이 매우 적고 수산 경제와 수산 유통 등이 다른 산업에 비해 상대적으로 낙후되어 있어 인력 양성의 필요성이 날로 강조되고 있다. 앞으로 투자 전력 사업으로 부상할 가능성이 크고 그에 따라 일자리 또한 늘어날 전망이다.

생체 계측 기기 개발자

바이오 제약, 의료 기기 산업에서 특정 질환이 예상되는 사람의 호흡, 혈당, 심장박동 등을 지속적으로 진단, 체크하여 그 결과를 데이터화해서 의료진이나 건강 관리 센터 근무자에게 전달하는 장비를 개발하는 사람이다. 장비의 수요자 중에는 노약자가 많아 고령화 사회가 진행되고 실버 산업이 발달할수록 전문 인력의 수요가 늘어날 전망이다.

5 생명 기술 분야의 롤 모델로는 누가 있을까?

서정선 한국바이오협회장

바이오 산업이 발달하고 인간 유전자 해독이 대중화되면 어떤 일이 일어날까? 서울대 의대 교수로 재직하면서 국내 대표 바이오 업체인 마크로젠을 설립해 학계와 산업체에서 '바이오 전도사'로 통하는 서정선 회장은 개인별 유전자 정보를 해독할 수 있게 되면 '맞춤 의학'이라는 엄청난 의학 혁명이 일어날 것이라고 전망했다.

지금까지 우리 의료 서비스는 질병이 생긴 이후에 이를 치료하는 데 초점이 맞춰져 있었다. 하지만 개인 유전자 정보를 알 수 있다면 의료 서비스의 차원이 달라진다. 일부 선천성 질환을 제외한 대부분의 질환은 유전자와 환경의 영향을 많이 받기 때문에 유전자 해독이 대중화되면 특정 질환에 취약한 환자를 미리 선별해 예방 차원의 서비스를 할 수 있게 되는 것이다.

사실 국내 바이오 산업은 지난 2000년에 출발해 이제 고작 10년을 맞았다. 이제까지는 선진 기술을 따라가느라 바빴다. 하지만 이제는 새로운 바이오 시대에 맞춰 정부 차원에서 비전과 정책을 가지고 산업을 키워야 할 시점이다. 전문가들은 우리나라가 유전자 산업에 적극적으로 참여하지 않으면 바이오 산업에서 엄청난 경제적인 손실을 볼 것이라고 경고하고 있다. 세계 시장에서 기회를 잡기 위해서는 민간 기업의 기술 개발뿐 아니라 정부 차원에서 병원 등 의료 체계와 보험, 법 제도 등의 변화를 모색해야 한다는 말이다.

서 회장은 "앞으로 바이오 산업이 발전하면 게놈 분석사, 의료 정보사 등 새로운 직업이 속속 생겨날 것이다. 지금의 구글처럼 건강 정보를 검색할 수 있는 서비스 회사도 성장할 것"이라고 내다봤다. 맞춤 의학은 오는 2015년부터 본격적으로 꽃피기 시작해 2030년에 성숙기를 맞을 전망이므로 이 분야에 진출하고 싶은 청소년들은 미리 관심을 갖고 지켜보는 것이 좋을 듯하다.

4부
수송

수송

1장

수송 기술은
어떻게 발전해 왔을까?

수송 기술이란 어느 한 자리에서 다른 자리로 물건이나 사람을 이동시키는 수단이나 방법을 뜻한다. 에스컬레이터를 타고 1층에서 2층으로 올라가는 것, 대형 컨테이너 선박에 물품을 싣고 다른 나라로 가는 것, 로켓을 타고 우주로 가는 것이 모두 수송 기술에 포함된다. 수송 기술은 인간이 살아가는 데 필수적이다. 따라서 매우 오래전부터 인류는 다양한 수송 기술을 이용해 왔다. 지금처럼 기술이 발달하기 전 인류에게는 어떤 수송 기술이 있었는지 살펴보자.

위대한 발명,
바퀴

만약에 바퀴가 사라진다면 어떤 세상이 될까? 자동차도 기차도 지하철도 모두 멈춰 버릴 것이다. 마트에서 사용하는 카트도 쓸모없어질 것이다. 그만큼 땅 위의 교통수단 중에는 바퀴가 달리지 않은 것이 거의 없으며, 심지어 비행기도 이륙을 위해서는 바퀴를 달고 얼마간 달려야 한다. 이렇게 중요한 수송 수단인 바퀴에 대해 알아보면 육상 수송 기술을 잘 이해할 수 있다.

비행기의 바퀴

바퀴가 없을 때 가장 간단하고 기초적인 수송 방법은 사람이나 동물의 힘에 의존하는 것이다. 하지만 무거운 물체는 운반하기 힘들다는 단점이 있다. 따라서 인류는 사람의 힘을 대신하기 위해 수레를 만들게 되었다. 수레에서 핵심적인 부분은 바로 둥근 바퀴이다. 이때 바퀴란 단순히 통나무를 둥글게 잘라 붙이는 원시적 형태가 아니라 양쪽 바퀴 가운데를 가로지르는 축이 있는 형태를 뜻한다. 이러한 바퀴는 메소포타미아의 수메르 인에 의해 만들어졌다.

그 후 인더스 강을 거쳐 중앙아시아로, 다시 중국과 유럽으로 전파되어 발전되어 갔다. 인류는 짐을 옮기기 위해 사용하던 썰매 아래에 바퀴를 연결해

바퀴 없는 자기 부상 열차

수레로 이용하기 시작했다. 인류가 가축을 기르기 시작하면서는 마차가 등장했다. 마차의 사용은 인류에게 많은 변화를 가져다주었다. 많은 물건을 이동시킬 수 있게 되면서 무역이 활발해지고 큰 시장이 형성되었다.

초기의 바퀴는 통나무를 잘라 만들었다. 그후 몇 조각의 나무를 잘라 붙이고 주변을 둥글게 다듬어 만든 합판 바퀴가 등장했다. 그다음에는 무게를 줄이고 기동성을 높이기 위해 바퀴살이 있는 바퀴가 나왔다. 육상 수송 수단의 발달과 함께 바퀴도 더욱 견고한 재료로 바뀌고 타이어가 사용되는 등 함께 발달해 왔으나 그 기본 모양은 초기와 크게 달라지지 않았다.

지식 더하기 ✚

바퀴 없이도 땅 위를 달린다.
지금까지 바퀴는 육상 수송에서 꼭 필요한 도구였다. 하지만 이제 바퀴가 없는 육상 수송 기술이 등장하고 있다. 마찰력을 줄이기 위해 차를 공중에 뜨게 하는 것이다. 자기 부상 열차가 그 대표적인 예이다.

쭉 뻗은
도로 위를
달리다

로마의 도로 중 가장 대표적인
아피아가도의 모습

'모든 길은 로마로 통한다.'는 말을 들어봤을 것이다. 로마는 고대의 국가인데 어째서 이런 말이 나왔을까? 고대의 모든 길은 정말 로마와 연결되어 있었을까? 그렇다면 그 길은 어떤 길이었을까? 도로는 수송 시스템의 근간이라고 할 수 있다. 도로의 발달을 살펴보면 당시 사회의 수송 기술 수준을 가늠할 수 있다.

로마 제국은 전쟁을 통해 성장했다. 그러나 사실 로마는 특별한 전쟁 도구가 발달했던 것은 아니다. 로마가 명성을 떨친 것은 잘 다듬어진 포장도로 덕분이었다. 이 도로가 없었다면 대규모 전쟁에 필요한 많은 무기와 식량을 수레 같은 수송 도구를 이용해 옮길 수 없었을 것이다. 로마는 군대가 신속히 이동할 수 있도록 도로를 건설했고 새로 정복하는 지역마다 로마까지 이어지는 길을 만들었다. 그래서 '모든 길은 로마로 통한다.'는 말이 나오게 된 것이다.

로마의 도로망은 19세기 유럽 국가와 맞먹는 수준이었다. 이때의 도로는 흙과 자갈층 위에 돌을 깔아 만들었다. 쇠바퀴를 단 마차가 지나가도 견딜 수 있을 만큼 견고했다. 로마의 도로는 대부분 직선으로 이어졌는데 로마인들은 도로를 건설하기 위해 숲 전체를 베어 내기도 했다. 계곡을 만나면 다리로 세워 도로를 이었고, 산을 만나면 터널을 팠다. 길가에는 이정표를 세워 로마까지의 거리를 표기했다. 로마의 간선 도로의 길이는 약 9만 킬로미터, 지선 도로의 길이는 20만 킬로미터에 이르렀다. 워낙 튼튼하게 만들어졌기에 그중 일부는 지금도 여전히 사용되고 있다.

로마의 도로는 마차 두 대가 마주 지나갈 수 있을 만큼 폭이 넓었으며, 도로 한쪽은 높이가 약간 높은 인도를 만들어 사람들이 편하게 지나갈 수 있도록 했다. 사람이 길을 건널 수 있도록 디딤돌을 놓아 횡단보도도 만들었다. 기원전 300년경에 만들어진 로마의 도로 규격은 이후 2000년 동안 유럽 도로 건설의 표준이 되었다.

로마에서만 체계적인 도로가 만들어진 것은 아니었다. 중국에서는 주나라 시대 이전에 이미 도로의 종류를 구분하고, 수레바퀴의 규격과 통행 방법 등을 통제했다. 우리나라 역사에도 도로에 관한 기록이 있다. 158년 신라의 아달라 왕은 소백산 남쪽 부근 죽령을 통과하는 길을 넓게 닦았다. 한강 유역을 확보하려는 정치적, 군사적 목적이었다. 더불어 중요한 생필품인 소금을 운반하고 중국행 뱃길과 연결하려는 의도도 있었다. 경주와 각 지방 행정 중심지를 연결하는 신라의 도로망은 나라의 대동맥이 되어 신라가 강력한 중앙 집권 체제를 다지는 기반이 되었다.

지식 더하기 ✚

신라의 도로, 관도

관도는 신라의 수도인 경주와 지방 행정 지역을 연결하는 교통로다. 관도에 대해서는 구체적인 기록이 충분히 남아 있지 않아 상세히 알 수는 없지만, 경주와 대구 지역에서 발견된 관도 유적을 살펴보면 너비가 2미터에 이르고 배수 시설이 있었음을 알 수 있다. 수레바퀴가 지나다닌 흔적도 남아 있다. 신라는 관도를 관리하기 위해 승부라는 전담 부서를 두었을 만큼 관도를 무척 중요하게 여겼다. 또한 신라는 수레 사용을 권장했는데, 귀족은 물론 백성들에게도 수레 이용법을 가르쳤다. 사람이 타는 수레는 왕족인 진골과 6두품, 5두품, 4두품 귀족까지만 탈 수 있도록 법으로 정해져 있었다.

신세계를
발견한 범선

1492년 콜럼버스는 산타마리아, 니냐, 핀타라는 세 척의 배를 끌고 78명의 선원과 2개월의 항해 끝에 아메리카 대륙에 도착했다. 배가 없었다면 콜럼버스는 바다 건너 낯선 대륙으로 갈 엄두도 내지 못했을 것이다. 이렇듯 배는 인류가 강이나 바다라는 장애물을 넘어 활동 영역을 넓히는 데 큰 몫을 해 왔다.

원시 시대의 배는 물 위에 뜨는 통나무에서 출발했다. 인류 최초의 배는 기원전 5000년경 이집트의 나일 강 하구에서 파피루스라는 풀을 엮어 만든 갈대배였다고 전해진다. 그리스 로마 시대에는 갤리선을 이용했다. 갤리선은 사람의 힘으로 노를 저어 움직였다. 돛을 달기는 했으나 바람의 힘은 보조적이었다. 그에 비해 15세기에 등장한 범선은 바람을 효율적으로 활용할 수 있도록 개량된 배였다. 사람의 힘을 적게 들이고도 움직이는 것이 가능해진 것이다. 범선은 갤리선보다 빠를 뿐만 아니라 더욱 안전하기도 했다. 이로써 긴 배의 역사에서 큰 전환점이 이루어지면서 본격적인 항해 시대가 열렸다.

로마의 갤리선을 묘사한 판화

콜럼버스가 신세계를 찾아 항해를
떠나는 모습을 그린 그림

중국에서 유럽으로 들어온 나침반과 짝을 이루어 범선은 탐험가들의 필수적인 도구가 되었다. 콜럼버스와 마젤란이 사용한 배도 바로 범선이었다.

오늘날의 배는 기계화되고 대형화되어 한 번에 많은 물건을 수송할 수 있다. 물 위를 나는 듯 가는 배, 물 아래를 지나가는 배도 개발되었다. 특히 물 아래를 지나가는 잠수함은 또 다른 신세계인 해저 개발에 중요한 역할을 하고 있다.

STEM 기술 속의 과학

무거운 배가 물에 뜨는 비밀, 부력

부력이란 물에 뜨려는 힘을 말한다. 어떤 물체의 무게가 부력보다 크면 그 물체는 가라앉을 것이고, 반대로 부력이 무게보다 크다면 그 물체는 물에 뜰 것이다. 일반적으로 무거운 재료는 물에 가라앉고, 가벼운 재료는 물에 뜬다. 하지만 강철로 만든 무거운 배라도 부력을 이용하면 물에 뜰 수 있다. 물에 잠기는 부피를 크게 설계해서 배의 무게보다 부력을 더 크게 하는 것이다.

비행기,
하늘을 나는 꿈이
이루어지다

그리스 신화에 나오는 이카로스는 미궁을 탈출하기 위해 밀랍으로 만든 날개를 달고 하늘을 날았다. 하지만 태양에 너무 가까이 가는 바람에 날개가 녹아 바다에 떨어져 죽고 말았다. 신화에서 보듯이 인류는 날개를 가지고 하늘을 날기를 소망해 왔다. 하지만 그것은 오랫동안 불가능한 꿈으로 남아 있었다. 그런데 지금 인류는 비행기를 이용해 어느 새보다도 빨리 날 수 있다. 인류는 어떻게 하늘을 나는 꿈을 이루었을까?

(위) 그리스 신화에 등장하는 이카로스를 표현한 그림
(아래) 몽골피에의 열기구

인류가 하늘을 날기 위해 노력한 역사는 매우 길지만 그것이 실현된 것은 다른 수송 기술에 비해 매우 짧다. 1783년 몽골피에 형제는 열기구를 타고 하늘을 나는 것에 성공하였다. 몽골피에의 열기구는 상층 대기를 탐사할 수 있는 길을 열어 주었다. 그리고 1903년 12월 17일 라이트 형제는 인류 최초로 동력 비행에 성공했다. 이는 비행의 역사에서 가장 중요한 사건으로 여겨진다. 전쟁은 비행기의 발달을 북돋았

(위) 비행 실험 중인 라이트 형제
(아래) 인류 최초로 달에 착륙한 암스트롱

다. 제2차 세계 대전 중에 비행기는 가스 터빈을 이용한 제트 기관의 발명으로 더욱 빠른 속도를 내게 되었다.

이제 인류는 새처럼 하늘을 나는 것을 넘어 우주를 여행하는 꿈을 꾸고 있다. 1969년 7월 닐 암스트롱이 인류 최초로 달에 첫발을 내디뎠다. 닐 암스트롱은 "이것은 나 한 사람이 내딛는 작은 발걸음이지만 인류 전체에 있어서는 위대한 발걸음이다."라고 말했다. 1957년 10월 4일에는 소련이 최초의 인공위성 스푸트니크 1호의 발사에 성공했고, 그 이후로 여러 나라에서 우주로 가기 위한 노력을 계속하고 있다.

증기 기관에서
디젤 기관까지,
자동차의 모든 것

기술은 토지를 기반으로 하는 정착민과 싱싱한 풀을 찾아 초원을 이동하는 유목민들의 경쟁 관계 속에서 한 단계씩 진보했다. 기원전 4000년경 몽골의 유목민은 야생마를 길들여 타고 다니면서 정착민을 공격했다. 이 약탈은 말이 전 세계로 퍼지는 계기가 되었는데, 이 과정에서 말에 바퀴를 연결한 수레와 마차도 발명되었다. 말과 수레, 마차는 매우 오랜 시간 동안 인류의 대표적인 수송 수단이었다.

산업 혁명의 시초가 된 증기 기관의 발명은 수송 수단에서도 획기적인 변화를 가져왔다. 증기 기관은 기관 바깥 부분에서 연료를 태워 가열된 열을 이용한다. 이 열이 물을 높은 압력의 증기로 만들면 이 증기로 기계를 움직이는 것이다.

1880년대 영국의 런던에서
사용되었던 증기 기관차의 모습

1801년 영국에서는 마차의 뒷바퀴에 증기 보일러를 연결한 후륜 구동 방식의 세 바퀴 마차가 나왔다. 1800년대에 증기 기관을 이용한 자동차는 발전을 거듭해 시속 약 40킬로미터까지 낼 수 있게 되었다. 가솔린 기관이 발명되기 전 100여 년 동안 증기 기

대량, 고속 수송이 가능한 증기 기관차는 산업 혁명을 촉진했다..

관은 자동차뿐만 아니라 버스, 기차, 배에 이르기까지 다양한 수송 수단으로 제작되었다. 1800년대 말에는 가솔린 기관이 등장했다. 가솔린 기관이란 가솔린을 연료로 이용하는 내연 기관이다. 가솔린이 폭발하면서 생기는 고온 고압의 가스의 힘으로 피스톤이 왕복 운동을 하면 이 운동을 회전 운동으로 바꿔 기계를 움직이는 것이다. 우리가 타는 승용차에 장착되어 있는 것이 바로 가솔린 기관이다.

뒤이어 나온 디젤 기관은 작동 원리는 가솔린 기관과 비슷하지만 경유와 중유를 쓴다는 점이 다르다. 가솔린 기관보다 연료의 효율이 높기 때문에 대형 트럭, 버스, 철도, 농업용 기계, 선박에 주로 사용된다.

지식 더하기 ✛

최초의 교통사고

1769년 프랑스의 군인 니콜라스 조셉 퀴뇨는 무거운 대포를 옮기기 위해 증기의 힘으로 달리는 트랙터를 개발했다. 마차 형태인 이 트랙터는 말이 끄는 수레처럼 증기 기관이 수레의 앞쪽에 있었다. 하지만 브레이크 장치는 개발하지 못했기에 운전을 시작하자마자 즉시 근처 건물을 들이받는 사고가 일어났다. 그 결과 퀴뇨는 감옥살이까지 하게 되었다. 하지만 이 증기 기관 트랙터는 동물이나 바람의 힘이 아닌 열기관의 힘으로 움직인 세계 최초의 자동차로써 그 역사적 가치를 인정받고 있다.

하늘을 제패한 제트 기관과 로켓 기관

인간의 무한한 상상은 수송 기술에 있어서도 지구를 넘어 우주로까지 향하고 있다. 요즈음 선진국을 포함한 많은 국가들은 우주 항공 분야에 적극적인 투자를 하고 있다. 인간이 우주로 나아갈 수 있는 것은 최고 수준의 제트 기관과 로켓 기관의 개발 덕분이다.

뉴턴

제트 기관은 공기를 엔진 앞쪽에서 빨아들여 압축시키고 연료와 혼합한다. 그 혼합물은 매우 빠르게 연소하는데 이 과정에서 고온 고압의 가스가 만들어져 빠른 속도로 빠져나가게 된다. 이 연소 가스는 뒤로 분출되기 때문에 그 힘의 반작용으로 추진력이 발생한다. 뉴턴은 한 방향으로 작용하는 모든 힘에는 반드시 반대 방향으로 같은 힘이 작용한다는 작용 · 반작용의 법칙을 발견했는데 제트 기관의 추진력은 바로 이 원리를 응용한 것이다.

로켓 기관은 제트 기관과 같이 연소 가스를 밖으로 뿜어 그 반작용으로 추진력을 얻는다. 제트 기관과 로켓 기관의 차이는 연소에 필요한 산소를 얻는 방식이다. 제트 기관은 대기권 안에서 비행하게 되므로 공기를 싣고 갈 필요가 없지만 로켓 기관은 대기권을 벗어

(좌) 제트 엔진 터빈. 엔진에서 연소시킨 가스를 분출시켜, 그 반동에서 추진력을 얻는 열기관이다. 제트기와 항공기 등에 사용된다. (사진 : 위키미디어)

(우) 미국 네바다 주에서 발사된 로켓

나 공기가 없는 지구 밖에서 비행하기 때문에 연료와 산화제를 싣고 가야 한다. 이 연료와 산화제를 합쳐 추진제라고 부른다. 이 추진제는 기체를 압축해 액체 상태로 만든 것과 고체 상태로 만든 것이 있다. 거의 모든 우주 로켓은 액체 추진제를 사용한다. 추진력을 조절하는 것이 쉽고 추진을 도중에 멈출 수 있기 때문이다.

지식 더하기 +

역사 속의 로켓

기원전 250년경 이집트의 알렉산드리아에서는 수학자 헤론이 '아에올리파일'이라는 엔진을 만들었다. 이것은 초보적인 로켓 엔진의 형태였다. 또 1040년경 중국의 〈무경총요〉에는 추진제 제조법에 대한 기록이 남아 있다. 이것을 이용해 대형 화살을 쏘았다고 한다. 우리나라 최초의 로켓은 고려 말기인 1377년 발명가 최무선이 만든 화약 무기이다.

2장

현대 수송 기술의 두 축,
물류와 여객 수송

수송 기술은 다른 산업과 밀접한 관계를 가지고 있으며 인류의 생활 양식에도 큰 영향을 주고 있다. 예컨대 산업 혁명 과정에서 유럽 전체로 뻗어 나간 철도는 큰 도시가 형성되게 했다. 우리나라의 경우 고속도로가 생기면서 전국이 일일 생활권으로 들어섰을 뿐만 아니라 여러 산업에서도 큰 변화가 일어났다. 현대의 수송 기술은 어떻게 이용되고 있으며 우리 생활과 어떻게 연결되어 있는지 살펴보자.

수송의 기본, 도로

도로는 사람, 차 등이 잘 다닐 수 있도록 만들어 놓은 비교적 넓은 길을 의미한다. 우리는 집 앞을 나서면서부터 목적지로 들어서기 전까지 도로에서 시간을 보내야 한다. 이렇게 도로는 우리 생활과 밀접하게 관련되어 있다.

도로의 기능에는 사람과 차량의 흐름을 신속하고 원활하게 처리해 주는 이동 기능과 어느 곳이든 쉽게 다가갈 수 있게 하는 접근 기능이 있다. 이동 기능은 속도가 중요한 요소이며 교통량에 영향을 받는다. 접근 기능은 도로 간의 간격이 중요한 요소이다. 이동 기능이 우선시된 도로는 도시와 도시 사이의 이동에 사용되는 고속도로이고, 접근 기능이 우선시된 도로는 우리 주

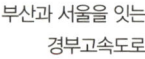
부산과 서울을 잇는
경부고속도로

위에서 흔히 볼 수 있는 도로이다.

이동 기능과 접근 기능은 항공기나 열차, 선박 같은 교통 기관에도 존재하는 기능이지만 도로는 다른 교통 기관과 달리 공간 기능이라는 것을 가지고 있다. 이것은 방재 공간, 채광, 통풍, 상하수도, 전력 및 전화선, 가스관, 지하상가 등 도시 시설에 필요한 기본적인 공간으로써 공공 공간이 한정된 도시에서 중요한 역할을 한다. 또한 최근에는 고속도로의 지하 공간에 광케이블이 설치되고 있다. 정보화 사회에서 필요로 하는 광통신 시스템을 구축하는 데 도로의 공간 기능이 활용되고 있는 셈이다.

우리나라에서는 인구와 교통량의 증가로 도로의 본래 기능인 이동 기능과 접근 기능이 수도권을 중심으로 쇠퇴하고 있다. 따라서 본래의 도로 기능을 살리기 위해 첨단 정보 통신 기술을 도로에 접목시킨 지능형 교통 시스템이 구축되고 있다. 이러한 교통 시스템은 폐쇄회로 텔레비전(CCTV)이나 전파를 이용한 차량 감지기를 통해 교통량의 변화를 정밀하게 관측하고 분석해 실시간으로 교통 신호를 제어하고 이것을 도로 표지판, 인터넷, 이동 통신, 라디오, 내비게이션 등을 통해 운전자에게 알려 준다.

운전자는 이 정보를 받아 최적의 경로를 안내받으며 목적지까지 좀 더 원활하게 갈 수 있다. 이 시스템은 대중교통 운영 체계에도 도입되고 있다. 승객들은 어디서든 실시간으로 대중교통 수단의 운행 시간표와 현재 차량 위치 등의 정보를 파악할 수 있다.

도로의 교통량을 늘리고 교통사고 예방, 운전 편의성 향상, 대기 오염과 물류비 감소 등의 효과를 기대할 수 있는 첨단 차량 도로 시스템 AVHS(Advanced Vehicle and Highway System)에 대한 연구도 활발하다. AVHS는 주행 중인 차량에 주변 교통 상황에 대한 정보를 제공하고 더 나아가 무인 자동 운전까지 가능하게 할 수 있다.

드넓은 바다를
품고 있는 항만

공장에서 갓 나온 자동차들이 항만에 열을 지어 서 있다. 외국으로 수출되어 가는 차들이다. 가까운 일본이나 중국이 아닌 이상 외국으로 갈 때 선박을 타는 사람은 거의 없다. 그런데 어째서 물건은 선박을 이용해서 나르는 것일까? 그것은 선박이 가진 경제성 때문이다. 선박은 비록 속도는 자동차

컨테이너 박스와 크레인

나 비행기보다 느리지만 한 번에 많은 화물을 옮길 수 있기 때문에 경제성이 높은 수송 수단이다.

선박이 도착하고 머물고 출발하는 항만은 선박이 제 기능을 수행하기 위한 필수적인 전제 조건이다. 항만은 인간의 역사와 오랫동안 함께해 왔다. 과거의 항만은 주로 원래 지형을 그대로 이용하는 자연항이 대부분이었으며, 인간이 자연을 변형시켜 만든 인공항은 그 규모가 작았다. 자연항은 자연적인 입지 조건을 그대로 활용하기 때문에 유지와 관리에 대한 부담이 없었다. 하지만 18세기 중엽 산업 혁명 이후로 선박의 이용량이 급증하자 자연항으로는 감당할 수 없게 되었다. 그래서 대규모 인공항이 건설되었고 항만 시설의 유지, 관리, 보수, 확장에 대한 부담도 따라서 증가했다.

항만은 선박이 안전하게 드나들고 정박할 수 있도록 수심이 충분해야 하고 바람과 파도를 막을 수 있어야 한다. 또한 부두 시설이 건설될 수 있도록 해안가 지반이 단단해야 한다. 하지만 이런 조건이 자연적으로 모두 갖추어진 곳은 드물기 때문에 대개는 바다 밑의 땅을 파 수심을 깊게 하고 방파제를 만드는 등의 인공적인 노력을 가한다.

지식 더하기 ✚

항만을 가득 채운 컨테이너

컨테이너 박스는 단순한 직육면체 모양의 멋없는 철제 상자다. 하지만 이 컨테이너 박스는 선박 수송에 지대한 영향을 끼친 도구이다. 제2차 세계 대전 이후 국가 간의 무역이 활발해지면서 물건의 이동량도 많아졌는데, 트럭에서 물건을 일일이 내려 배로 옮겨 싣는 일은 쉽지도 않을 뿐더러 시간과 노동력이 많이 들었다. 하지만 거대한 박스인 컨테이너 안에 물건을 잘 넣어 옮기면 물건을 다시 포장하거나 쌓을 필요가 없어 적재 시간과 인건비를 줄일 수 있다. 그렇게 되면 운송비가 줄고 운송 과정에서 물건 파손도 덜 생긴다.

오늘날 항만에는 컨테이너 창고, 컨테이너 크레인 등 컨테이너를 중심으로 하는 다양한 시설들이 마련되어 있다.

항만은 선박뿐만 아니라 승객과 화물이 드나드는 데도 편리해야 한다. 따라서 항만에는 교통 시설, 보관 시설, 공장 시설 등이 필수적이다. 항만은 해상 교통과 육상 교통의 중계지 역할을 하므로 바다와 육지 어느 쪽에서든 접근하기 쉬워야 한다. 최근에는 무겁고 큰 화물이 많아짐에 따라 선박이 대형화되고 있으며 이에 맞춰 항만의 규모도 더욱 커지고 있다.

하늘로
통하는 관문,
공항

선박 수송이 항만을 통해 이루어진다면 항공 수송은 공항을 통해 이루어진다고 할 수 있다. 공항의 역할을 인천국제공항의 최첨단 시설을 중심으로 들여다보자.

공항에서 가장 중요한 일은 항공기가 이륙하고 착륙할 수 있도록 도와주는 것이다. 일반적으로 비가 많이 오거나 짙은 안개가 끼는 등 악천후가 닥치면 공항이 제 기능을 하지 못하고 비행기의 이착륙이 불가능해진다. 하지만 최근에는 항공기를 활주로로 안전하게 유도하고 활주로에서도 무사히 이동하도록 보장하는 최첨단 정보 통신 장비가 개발되어 있다. 이 장비는 미국의 LA공항, 영국의 히드로공항 등 전 세계적으로 몇 군데 공항에만 마련되어 있는데 여기에 인천국제공항도 포함된다.

공항에 들어서면 비행기 표를 받고 수하물을 싣기 위해 항공사 카운터에서 탑승 수속을 해야 한다. 하지만 승객이 많을 경우 줄을 서서 기다리기 때문에 대기 시간이 길어져 승객들이 불편함을 느끼게 된다. 그래서 인천국제공항에서 도입한 시스템이 U-셀프 체크인 서비스이다. 공항으로 가는 도중에 휴대 전화 무선 인터넷을 이용해 '인천국제공항 모바일 안내 서비스'에 접속한 다음 간단한 인적 정보를 입력하면 좌석까지 지정된 탑승권 바코드가 휴대 전화로 날아온다. 공항에 도착해서 이 바코드를 셀프 체크인 기기에 대고 여권 정보를 입력하면 탑승권이 출력되어 나온다. 부쳐야 할 수하물이 없다면 항공사

카운터에 들르지 않고 곧바로 출국장으로 가면 된다. 이러한 시스템 덕분에 비행기 탑승 대기 시간이 획기적으로 줄어들 수 있었다.

영국 히드로공항의 모습

탑승 수속을 마쳤다고 해도 비행기에 타기 위해서는 출국 심사를 받아야 한다. 예전에는 심사관에게 여권을 주고 심사를 받았다. 하지만 요즘은 지하철 개찰기처럼 생긴 자동 출입국 심사대 앞의 여권 인식기에 여권을 대고, 지문 인식기에 양쪽 검지 지문을 대면 출입국 심사가 자동으로 완료된다. 이 모든 과정은 10초 남짓밖에 걸리지 않는다. 마치 지하철을 탈 때 개찰기에 교통 카드를 찍고 지나가는 것과 비슷하다.

공항의 활주로와 여객 터미널 아래에는 또 하나의 세상이 있다. 바로 승객들이 탑승 수속을 하면서 화물칸으로 보낸 짐들을 정확한 항공기로 보내고, 도착한 비행기에서 나온 짐을 승객들이 기다리는 수취대까지 보내는 수하물 처리 시스템이다. 아무리 긴 활주로와 멋진 여객 터미널이 있다고 해도 수하물 처리 시스템이 제대로 작동하지 않으면 공항은 무용지물이 되고 만다. 인천국제공항의 수하물 처리 시스템은 승객들의 짐을 초당 7미터라는 빠른 속도로 옮긴다. 그러다 보니 승객보다 먼저 짐이 도착해 있어 그만큼 대기 시간도 짧아진다. 인천국제공항은 수하물 오류 발생률도 다른 공항에 비해 현저히 낮은 수준이다.

지식 더하기 +

인천국제공항은 U-에어포트

U-에어포트란 유비쿼터스 환경을 갖춘 공항을 가리킨다. 이러한 공항에서는 인천국제공항의 경우에서 보았듯이 무인 자동화 시스템으로 출입국 절차가 진행되기 때문에 승객들이 좀 더 빠르고 편안한 서비스를 받게 된다. 세계적인 시설을 자랑하는 U-에어포트인 인천국제공항은 2001년 개항 이후 세계 공항 서비스 평가에서 5년 연속 1위를 차지할 만큼 좋은 평가를 받고 있다.

파이프라인으로
무엇이
지나다닐까?

화가 미셸 세르(1658~1753)가
그린 〈1720년, 페스트가 창궐한
마르세유〉. 페스트는 중세
이후에도 끊임없이 발생해서
많은 사람의 목숨을 앗아갔다.

수도꼭지를 돌리면 깨끗한 물이 콸
콸 쏟아져 나온다. 하수도에 버린 물은
어디론가 흘러가 흔적도 남기지 않고
사라진다. 우리 생활에서 이런 일이 가
능한 것은 땅속의 기다란 관, 즉 파이
프라인 덕분이다. 물을 포함해 어떤 것
들이 파이프라인을 통해 수송되고 있
는지 알아보자.

파이프라인은 고대 로마에서부터
사용되어 온 물 수송 시스템이다. 고대
로마는 파이프라인으로 각 가정에 깨
끗한 물을 보냈는데 이것이 오늘날 상
수도의 원형이라 할 수 있다. 상수도의
사용 덕분에 인간의 생활은 한층 편리
하고 청결해졌다.

상수도보다도 더 큰 영향을 끼친 것은 하수도였다. 중세 시대에는 많은
사람이 전염병으로 사망했다. 가장 유행한 전염병은 흑사병이라고도 불리는
페스트였는데 이는 신이 내린 재앙이라 불릴 만큼 많은 사람을 죽음으로 몰

았다. 하지만 하수도를 포함한 하수 처리 시설이 도시에 생겨나
자 전염병은 크게 줄어들었다. 길에서 나던 악취와 해충이 하수
도를 통해 사라지면서 병원균도 함께 사라진 것이다. 하수도는
물의 오염을 줄일 뿐더러 빗물의 배수를 도와 침수 피해도 줄여
주었다.

중국에 설치된 송유관 모습

오늘날 파이프라인은 기름을 수송하는 데도 이용되고 있다. 송
유관이 건설되기 전에는 주로 유조선으로 기름을 수송했는데 침몰
사고가 일어나면 환경에 큰 악영향을 끼치는 부작용이 있었다. 차
량을 통해 수송하는 경우에는 석유의 양을 감당하지 못해 경제성
이 떨어졌다. 그래서 석유를 위한 파이프라인을 건설하게 되었는
데 이것을 송유관이라고 한다. 송유관은 석유를 생산지에서 소비지까지 수송하
는 가장 현대적이고 안전한 방법이다. 상하수도 시설처럼 땅속에 있기 때문에
땅 윗부분을 도로나 경작지로 쓸 수 있어 국토 이용
효율도 높일 수 있다.

요즘 들어서 파이프라인은 새로운 쓰레기 처리
방식으로도 주목받고 있다. 스웨덴의 말뫼와 네덜
란드의 알미르 등 일부 지역에서 파이프라인으로
쓰레기를 성공적으로 수송하고 있다. 이곳에는 쓰
레기차가 없기 때문에 주변 환경이 개선되었고 이
산화탄소 배출이 줄어들었다. 또한 쓰레기를 보관
하고 처리하는 공간을 없앨 수 있었다. 이렇듯 파이
프라인은 수송을 편리하게 할 뿐만 아니라 자연 보
호와 자원 재활용을 위해 중요한 역할을 하고 있다.

지식 더하기 ✚

우리나라의 쓰레기 파이프라인

경기도 용인시 수지2지구는 국내 최초로 쓰레기 자동 집하
시설을 설치했다. 주민들은 쓰레기를 분리 수거해 종량제 봉
투에 담아 쓰레기 투입구에 넣으면 끝이다. 이 쓰레기는 지
하에 묻힌 파이프라인을 따라 하루에 두 번 자동으로 운반된
다. 쓰레기 집하장에서는 강한 진공 바람을 일으켜 쓰레기를
한곳으로 끌어 모아 태우거나 매립장으로 보낸다. 타는 쓰레
기는 지역난방공사와 연결된 소각장의 원료로 이용된다. 주
민이 아침에 버린 쓰레기가 점심때면 방을 따뜻하게 데워 주
거나 온수를 공급해 주는 자원으로 재활용되는 셈이다.

철도의 르네상스,
고속 열차

아침은 서울에서 먹고 점심은 부산에서 먹고 저녁은 다시 서울에 와서 먹는다. 지금은 전혀 어색하지 않은 풍경이지만 고속 열차가 도입되기 전만 해도 불가능한 일이었다. 비행기보다는 느리지만 자동차보다는 빠른 고속 열차는 우리나라와 같은 규모의 국토에서 최적의 장거리 이동 수단으로 각광받고 있다. KTX를 중심으로 고속 열차와 우리 생활의 관계를 들여다보자.

2004년 4월 1일 개통한 우리나라 최초의 고속 열차 KTX는 프랑스의 TGV를 도입한 것이었다. 최고 속도 시속 300킬로미터를 낼 수 있으며 서울에서 부산까지 2시간 18분이 소요된다. 2010년 3월 2일에는 순수 국내 기술로 만든 한국형 고속 열차 'KTX 산천'이 경부선과 호남선에 각각 투입되어 운행을 시작했다. 이제 우리나라는 일본, 프랑스, 독일에 이어 세계에서 네 번째로 고속 열차를 독자적으로 제작하고 운영할 수 있게 된 것이다.

지식 더하기 +

KTX 산천에 담긴 의미
KTX 산천이라는 이름은 토종 물고기 '산천어'에서 따온 것으로 산천어처럼 날렵하고 힘차게 세계로 뻗어 나간다는 의미를 담고 있다. 또 산(山)과 내(川)로 해석해 친환경적인 녹색 철도의 상징성을 띠고 있기도 하다.

고속 열차 이전에도 열차는 중요한 교통수단으로써 국토를 하나의 공간으로 묶는 역할을 해 왔다. 서울에서 부산까지 걸어서 15일 이상 걸리던 거리를 열차의 도입과 함께 14시간에 오갈 수 있게 되었다. 엄청난 사회적 변화의 시작이었다. 그 후 열차의 속도는 끊임없이 빨라졌다. KTX의 속도 혁명은 전국을 반나절 생활권으로 변화시켰다.

프랑스 기차역에 정차한
TGV의 모습

　KTX는 고속 전동기를 사용하는 데다 기존 열차가 사용하던 구불구불한 선로 대신에 직선화된 선로 위를 달리기 때문에 훨씬 빠르게 움직인다. 비록 비행기보다는 속도가 떨어지지만 보다 경제적일 뿐더러, 기차역이 공항보다 도심 접근성이 높기 때문에 기차는 친숙하고도 편리한 장거리 교통수단으로 자리 잡았다.

　이러한 편리성 덕분에 고속 철도는 대도시에서 지방으로 인구를 분산시키는 효과를 내고 있다. 게다가 이산화탄소의 배출량이 승용차의 6분의 1, 화물차의 8분의 1이며 에너지 소비량이 승용차의 9분의 1, 화물차의 10분의 1에 불과하므로 환경 보호에도 기여하고 있다.

3장

미래로 가는
수송 기술

최첨단 기술이 발달하면서 수송 기술도 점차 달라지고 있다. 현재 우리에게 익숙한 수송 수단들은 속도 문제, 경제성 문제, 환경 오염 문제 등 저마다 단점을 안고 있다. 하지만 미래에는 이러한 단점을 극복한 다양한 수송 수단이 새로 개발될 것이다. 지금까지 수송 기술이 우리 생활을 크게 변화시켰듯이 미래의 수송 기술도 우리 생활을 더욱 나은 방향으로 이끌어 줄 것이다.

공해 물질
0%에 도전하라,
친환경 자동차

지구 온난화를 막고 화석 연료 사용을 줄이기 위해 친환경 자동차의 등장이 필요한 시점이다. 대표적인 친환경 자동차로 꼽히는 것은 전기 자동차이다. 전기를 배터리에 충전해서 달리는 전기 자동차의 핵심은 배터리를 만드는 기술이다. 하지만 충전 용량이 크면서도 무게가 가볍고 충전 속도가 빠른 배터리를 만드는 것은 쉬운 일이 아니다.

(위) 수소 연료 전지 버스
(아래) 서울 모터쇼에서 선보인
친환경 하이브리드 자동차

수소 연료 전지 자동차는 무한 자원인 수소와 산소의 화학 반응으로 전기 에너지를 발생시켜 움직이는 자동차이다. 하지만 수소 연료 전지가 가격이 비싸고 지금의 자동차 엔진보다 크기 때문에 당장 실용화되기는 어려울 전망이다. 또한 전기 자동차와 수소 연료 전지 자동차는 현재의 주유소를 철거하고 전기나 수소를 충전할 수 있는 충전소를 만들어야 하기 때문에 그로 인한 사회적 비용도 만만치 않다.

이런 상황에서 대안으로 떠오른 것이 하이브리드 자동차이다. 하이브리드 자동차는 한 자동차 안에 배터리로 작동하는 전기 모터와 석유로 작동하는 기존의 엔진이 동시에 장착되어 있

는 것이다. 출발할 때나 저속으로 주행할 때
는 엔진의 효율이 떨어지기 때문에 전기 모
터만을 이용하고 정속이나 고속으로 주행할
때는 엔진과 전기 모터를 동시에 사용하는
식이다. 이런 방식으로 하이브리드 자동차
는 기존의 자동차에 비해 약 2배의 효율성을
가지며, 배기가스 배출은 10분의 1 수준으로 줄인다. 하지만 하이브리드 자동
차도 결국은 화석 연료를 사용하고 배기가스를 조금이나마 배출하기 때문에
차세대 자동차로 정착되기는 어려워 보인다. 궁극적으로는 배기가스 배출이
전혀 없는 수소 자동차가 나올 것으로 예상된다. 그때까지 하이브리드 자동차
는 과도기적 수송 수단으로 이용될 것이다.

무공해 자동차를 표방한
전기 콘셉트 카

STEM 기술 속의 과학

물의 전기 분해

수소와 산소가 반응하면 물이 만들어지지만, 이 물은 다시 자발적으로 수소와 산
소로 되지 못한다. 그러나 전기 에너지를 가해서 반응을 일으키면 물을 분해할 수
있다. 이때 (+)극은 산화반응으로 산소를 얻을 수 있고, (-)극에서는 환원반응이
일어나 수소를 얻을 수 있다.

(-)극 : $4H_2O + 4e- \rightarrow 2H_2 + 4OH-$ (환원반응)

(+)극 : $2H_2O \rightarrow O_2 + 4H+ + 4e-$ (산화반응)

전체 반응 : $2H_2O \xrightarrow{\text{전기 E}} 2H_2 + O_2$

위 식에서 확인할 수 있듯이 물에 전기 에너지를 가했을 경우 (-)극에서는 수소,
(+)극에서는 산소 기체가 발생하게 된다. 하지만 산소와 수소는 무색의 기체이
므로 눈으로 확인할 수 없기 때문에 기체 발생 여부를 확인하기 위해서는 간단한
실험이 필요하다. 성냥불을 가까이 가져가면 (+)극에서는 산소에 의해 성냥불이
밝게 타오르고 (-)극에서는 픽 소리를 내면서 수소가 연소하게 된다.

바다 위의 KTX, 위그선

3면이 바다인 우리나라는 예로부터 외국과의 교역에 주로 선박을 이용하였다. 지금도 선박은 비행기보다 속도는 느리지만 많은 양의 물건을 한 번에 나를 수 있기 때문에 효율성이 높은 수송 수단이다. 하지만 속도가 느리다는 단점이 있기 때문에 이 부분을 보완하기 위한 연구가 진행되고 있다.

최근에 주목받고 있는 것은 위그선이다. 위그선은 수면 위 5미터 이내에서 뜬 상태로 최고 시속 550킬로미터까지 달릴 수 있는 초고속선이다. 다시 말해, 해수면 가까이 떠서 날아다니는 배이다. 따라서 위그선은 기존의 선박보다는 비행기에 가까운 모양으로, 항공 기술이 결합된 최첨단 운송 수단이다.

국내 최초로 개발된
6인승 위그선

그렇다면 위그선은 왜 비행기처럼 하늘 높이 날지 않고 수면 위에 살짝 떠서 나아갈까? 그 해답은 우리가 쉽게 만들 수 있는 종이비행기에 있다. 종이비행기를 날려서 그 움직임을 살펴보자. 종이비행기를 만들어 날리면 한 번에 뚝 떨어지는 것이 아니라 바닥에 살짝 닿을 듯하면서 완만한 궤도를 그리며 떨어진다. 이런 현상을 '지면 효과'라고 하는데 실제 비행기에서도 관찰할 수 있다. 비행기가 착륙하기 위해 고도를 낮추면 비행기의 날개와 지면 사이의 공간은 좁아지는데 그 사이에 가두어진 공기가 일종의 에어쿠션을 만들면서 비행기를 위로 띄워 주는 힘이 작용하게 된다. 위그선은 이 힘을 최대한 활용해 움직이도록 만든 것이다. 이렇게 하면 비행기보다 연료는 적게 사용하면서도 물과의 마찰이 없어 선박보다 빠르게 움직일 수 있다.

현재 위그선에 남은 문제점은 높은 파도에서도 자세를 유지해 안정성을 확보하는 것이다. 위그선은 수면에서 살짝 뜬 채 움직이기 때문에 높은 파도가 치기라도 하면 파도에 부딪혀 중심을 잃을 수도 있다.

속도가 빠르면서도 공항 같은 대규모 시설이 필요하지 않은 위그선이 현실화되면 수송 환경에 획기적인 변화가 일어날 것이다. 특히 우리나라와 거리가 가깝고 교류가 많으면서도 공항 설비가 없는 중국의 산둥성 지역을 오가는 데는 위그선이 제격이다. 만약 우리나라가 중국과 일본까지 위그선을 이용할 수 있게 되면 그 파급 효과는 엄청날 것으로 기대된다.

지식 더하기➕

위그선은 비행기일까, 배일까?
1960년대 초부터 연구가 진행된 위그선은 선박이라고 하기에는 너무 빠르고 비행기라고 하기에는 하늘 높이 날지 않기 때문에 이것을 비행기로 분류하느냐 배로 분류하느냐를 두고 학계와 산업계에서 논란이 많았다. 그러다가 1990년대 후반에 들어서야 국제해사기구(IMO)가 고도 150m 이하로 움직이는 운송체를 선박으로 분류함으로써 이 논란은 종지부를 찍게 되었다.

수도권 교통 혁명!
GTX

　　지하철은 기다리는 시간이 길고 원치 않은 역을 거치다 보니 시간도 오래 걸린다. 버스는 넘쳐 나는 자동차로 인해 도로가 막혀서 운행 속도가 너무 더디다. 이런 문제를 해결하기 위해 새로운 대중교통인 GTX가 개발되고 있다. GTX란 'Great Train eXpress'를 줄인 말로 광역 급행 철도를 뜻한다. 최대 속도가 시속 200킬로미터이며 지하에서 40~50미터의 공간을 활용한다. GTX는 서울, 인천, 경기도의 도심 지하에 터널을 뚫어 고속으로 열차를 운행해 수도권을 한 시간대 생활권으로 연결시키는 차세대 수송 수단이다.

　　현재 수도권은 인구 폭발로 인해 그만큼 대중교통에 대한 수요도 많다. 거대한 주차장처럼 꽉 막힌 도로, 그 위를 더디게 달리는 만원버스, 많은 역을 정차하기 위해 짧은 길도 돌아가는 지하철의 모습은 수도권에서 출퇴근하는 사람들에게 흔한 광경이다. 지금의 수도권 대중교통 문제를 개선하기 위해 버스 중앙 차로제, 대중교통 통합 환승 할인제 같은 정책이 나와 있지만 근본적인 해결책이 되지는 못하고 있다. 도로를 넓히거나 신설하는 도로 중심의 정책은 배기가스로 인한 환경 파괴와 석유에 대한 에너지 의존을 더욱 심각하게 만들 수 있다.

　　GTX는 수도권의 교통 혼잡을 줄일 새로운 교통 네트워크로서 대중교통을 도로 중심에서 철도 중심으로 바꿀 최적의 수단으로 기대되고 있다. GTX가 들어서면 수도권 시민들의 생활에 사회, 경제, 문화적으로도 많은 영향을 미

버스중앙차로제를 실시하고 있는
서울의 도로

치게 된다. GTX 역세권을 중심으로 각종 문화, 편의, 상업 시설이 건설되어
시민들이 받는 혜택이 많아지고 도시와 도시 사이의 교류가 활발해질 것이다.

앞으로 10년 내에 174킬로미터에 이르는 세 개
의 GTX 노선이 건설될 예정이다. 첫 번째 노선은
경기 서북부와 동남부를 가로지르는 킨텍스에서
동탄 구간, 두 번째 노선은 수도권에서 통행량이
가장 많은 인천과 서울 도심을 연결하는 구간, 그
리고 마지막 노선은 서울을 중심으로 남북을 가로
지르는 의정부에서 금정 구간이다. GTX 노선에는
버스, 지하철, 철도, 자전거 등 다른 수송 수단과
편리하게 연계되는 환승 시스템도 함께 마련된다.

지식 더하기

거대한 도시, 메가시티 리전
GTX의 등장은 메가시티 리전(Megacity Region)의 탄생을
낳을 것으로 예측된다. 메가시티 리전은 핵심 도시를 중심
으로 1일 생활이 가능하고 기능적으로 연결되어 있는 인구
1000만 명 이상의 광역 경제권이다. 미래는 국가들 사이의
경쟁이 아니라 메가시티 리전들 사이의 경쟁이 중심이 될 것
이라고 예상하는 학자들도 있다.

1 알고 가기

로켓은 작용·반작용의 원리를 응용한 것이다. 풍선에서 바람이 빠지면서 풍선이 앞으로 휙 나아가는 것과 같은 원리이다. 발포 로켓을 만들어 발사해 보면 이 원리를 쉽게 이해할 수 있다.

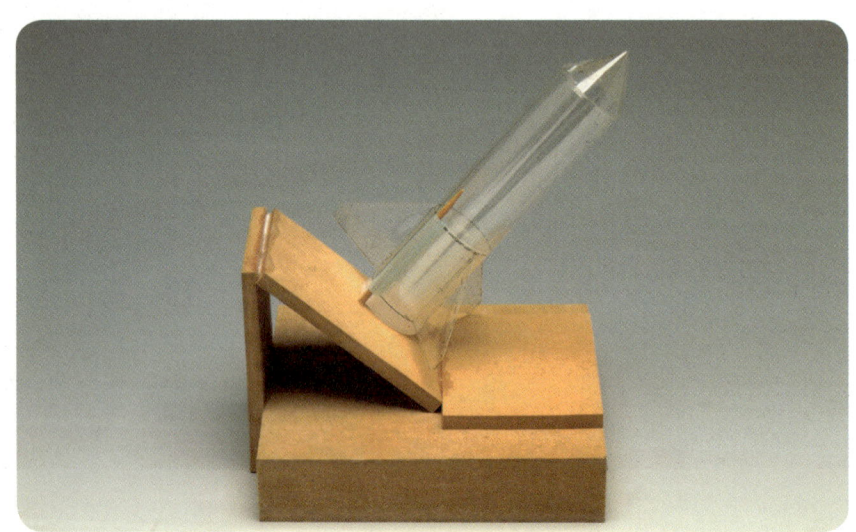

2 재료 소개

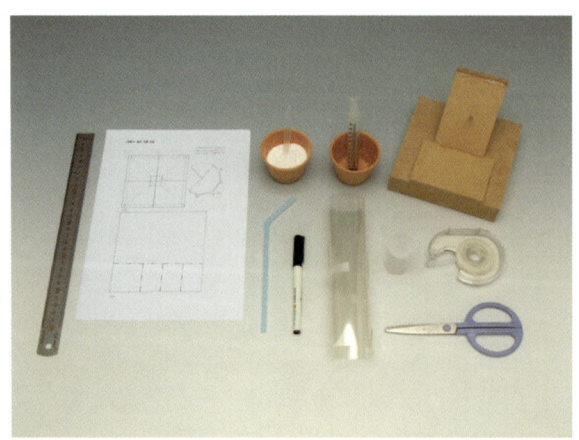

소다, 식초, 필름 통, 테이프, 가위, OHP 필름, 빨대, 로켓 발사대, 주사기, 스푼, 네임 펜

(로켓 전개도)

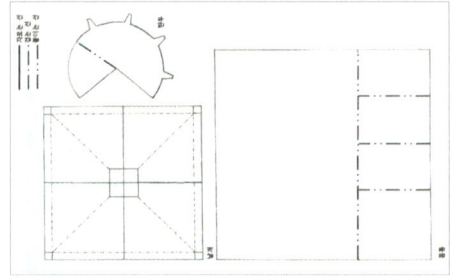

3 만드는 과정

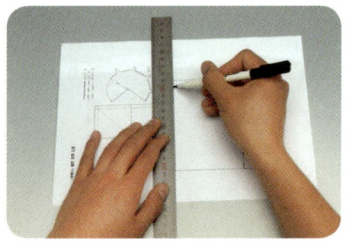

01 OHP 필름을 발포 로켓 전개도 위에 올려놓고 똑같이 그린다. 잘 지워지지 않는 볼펜이나 매직을 이용한다.

02 도면대로 OHP 필름의 몸통 부분을 자른 후 로켓의 몸통과 필름 통을 테이프로 붙인다. 이때 로켓 몸통 하단의 붙이는 선에 맞춰 붙여야 한다.

03 도면대로 OHP 필름의 로켓 탄두 부분을 자른 후 원뿔 형태의 모양으로 만들어 로켓의 몸통 상단에 테이프로 붙인다.

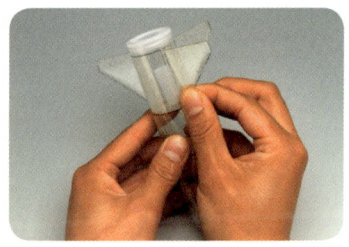

04 도면대로 OHP 필름의 로켓 날개 부분을 자른 후 삼각형 모양으로 만들어 로켓 몸체 하단의 붙이는 선에 맞춰 날개를 붙인다.

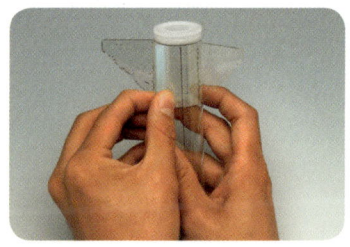

05 발사대에 로켓을 고정시키기 위해 필요한 빨대를 5cm 정도 잘라서 날개와 날개 사이에 테이프로 붙인다.

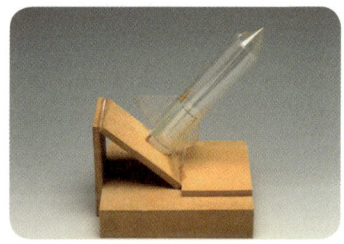

06 필름 통 안에는 식초를, 필름 통 뚜껑에는 소다를 넣은 후 뚜껑을 닫고 발사대에 장착한다.

4 더 알아보기

발포 로켓에서 추진제로 사용했던 소다와 식초의 화학 반응에 의해 아세트산나트륨과 물, 이산화탄소가 생성된다. 이 때 발생한 이산화탄소에 의해 발포 로켓의 필름 통 안의 압력이 커지고, 순간적으로 팽창한 공기가 일시에 배출되면서 추진력이 생기게 된다. 따라서 식초와 소다의 양을 적절히 조절하면 발포 로켓의 발사 거리를 조절할 수 있다. 또한 발사대의 발사 각도를 조정하여 발포 로켓의 발사 거리를 조절할 수 있다.

1 알고 가기

자기 부상 열차는 자기력을 이용해 선로 위에 부상시켜 움직인다. 선로와의 접촉이 없어 소음과 진동이 매우 적고 고속도를 낼 수 있다. 독일과 일본, 중국에서는 실제로 운행 중이다. 간단한 제작으로 나만의 자기 부상 열차를 만들어 보자.

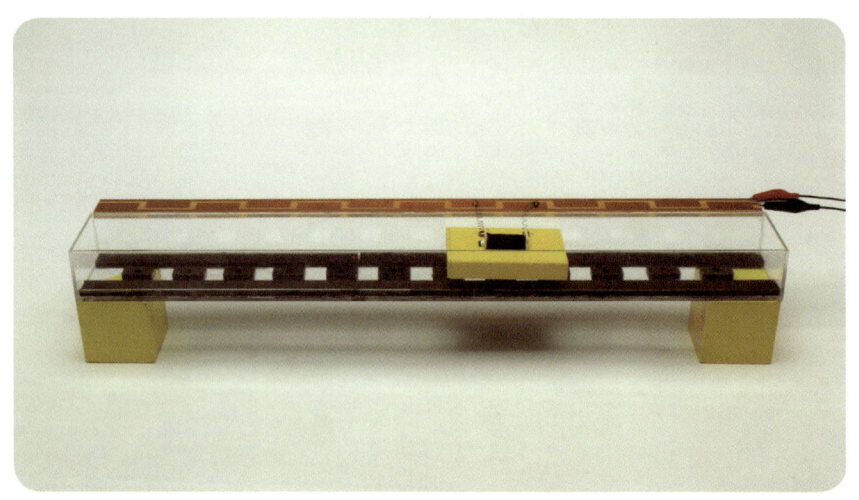

2 재료 소개

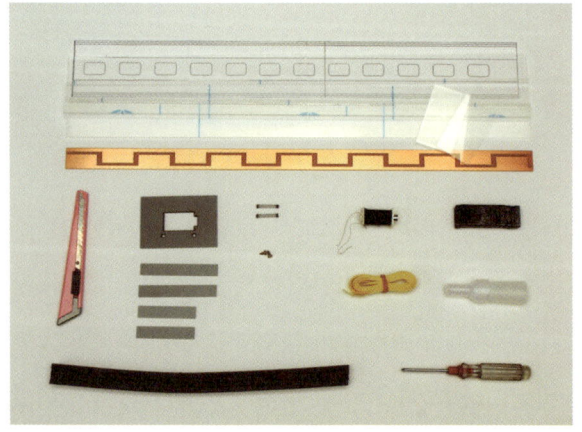

레일용 긴 자석, 레일용 아크릴판, 전원용 PCB 기판, 코일 스프링, 순간접착제, 열차용 네오디뮴 자석, 리니어 모터용, 자석, 열차용 포맥스 판, 칼

3 만드는 과정

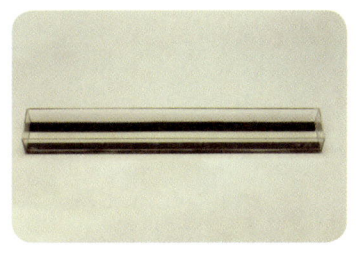

01 순간접착제를 이용하여 밑판에 옆판을 붙인다. 아래판에 옆판 두 개를 붙인다. 한꺼번에 붙이면 나중에 자석을 붙이기가 불편하므로 한쪽만 붙여도 상관없다.

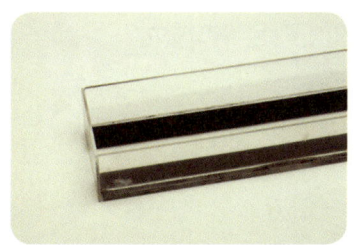

02 레일 밑판의 짧은 변에 중심을 표시한 뒤 중앙선을 긋는다. 밑판 아래에 리니어 모터용 자석(짧은 것)의 위치를 나타내는 종이를 놓고 자석 위치를 주의해서 점을 표시한다.

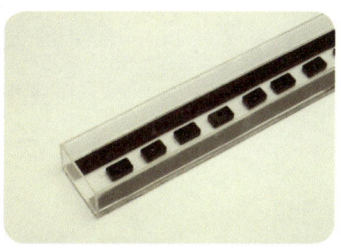

03 레일용 자석의 같은 극이 위를 보게 하여 밑판의 양쪽 끝에 자석을 붙인다. 레일 밑판의 중앙선에 표시해 놓은 점에 맞추어 리니어 모터용 짧은 자석을 붙인다.

04 열차를 제작한다. 열차용 네오디뮴 자석을 레일용 자석과 반발하는 방향을 밑으로 하여 열차의 밑바닥에 순간접착제를 이용하여 붙인다.

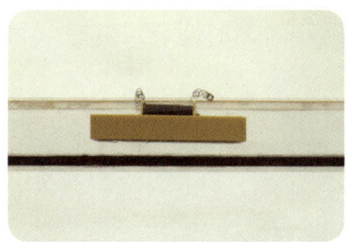

05 열차 위에 코일을 올려 열차가 수평이 되도록 조정한 뒤 뒷면에 표시하여 코일을 순간접착제로 붙인다.

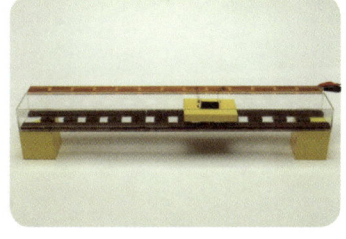

06 열차를 올려 구리선이 기판의 중앙을 지나가게 조정한다. PCB 기판에 전원 공급용 아답터(12V, 3.5V)를 연결하여 완성한다.

4 더 알아보기

어댑터는 구하기 힘들기 때문에 실습을 할 때는 일반 건전지를 사용해도 무방하다. 건전지를 사용해서 실습을 할 경우, 건전지의 종류나 개수를 다르게 해 보는 실습을 하는 것도 흥미로울 것이다.

1. 수송 기술 분야의 전망은 어떠할까?

국가 경제가 발전하고 주5일 근무제가 정착하면서 국내뿐 아니라 해외여행을 즐기는 사람들이 늘고 있어 수송 산업 분야의 전망이 밝다. 육상 수송의 경우 2004년 KTX가 도입되고 녹색 수송 수단으로 각광 받으면서 철도 관련 산업 종사자의 수요가 늘어나고 있다. 해상 수송 또한 해상 관광 자원이 개발되고 여객선이 고속화, 대형화되면서 발전이 예상되므로 직업적 전망은 밝은 편이다. 항공 수송은 국제화 시대를 맞아 해외 이동 인구가 증가하여 앞으로 발전이 더욱 기대되는 분야다.

또 앞으로 석유 고갈과 지구 온난화로 화석 연료를 사용하는 자동차의 가치가 점점 떨어질 전망이기 때문에 친환경 에너지를 이용한 수송 기술 연구가 더욱 활발해질 것이다. 이 분야에 관심이 있는 청소년이라면 눈여겨보는 것이 좋겠다.

2. 수송 기술 분야에 진출하려면 어떤 재능과 적성이 필요할까?

운송 수단에 대한 관심과 흥미는 물론 기계, 통신, 운송에 대한 기초 지식이 필요하다. 특히 선장, 항해사 등의 해상 수송 관련 직업은 오랜 시간 바다에서 생활하므로 바다를 좋아해야 하고 강한 인내력 또한 있어야 한다.

조종사, 승무원 등 항공 수송과 관련된 직업은 승객의 안전과 직결되기 때문에 건강한 신체와 함께 서비스 정신이 중요하며, 해외 업무가 잦은 특성상 외국어 실력을 갖추어야 한다. 수송 분야는 작은 실수가 대형 사고로 이어질 수 있는 직업이므로 자기 통제 능력과 책임감이 요구된다. 또 고속으로 운행되는 열차를 통제해야 하므로 속도 감각, 민첩성, 순간 판단력 등이 좋아야 한다.

마지막으로 수송 수단을 정비하는 직업의 경우, 사고가 나지 않도록 사전에 철저히 예방하는 것이 중요하므로 고난도의 기술과 집중력, 책임감이 있어야 한다.

수송 기술 분야를 깊이 공부하려면 어떤 학과로 진학해야 할까?

항공기나 선박, 자동차에 대해 연구하려면 여러 산업의 뿌리인 기계공학을 전공해야 한다. 세부적으로는 해양 운송 및 수송 기술, 해양 탐사, 해저 자원 개발 등 바다 속을 탐구하는 해양공학과, 비행기를 비롯한 인공위성, 헬리콥터, 미사일, 우주 비행체 등의 설계와 제작, 운용에 필요한 지식을 탐구하는 항공우주공학과, 열차의 엔진을 설계, 제작하여 효율적인 운행을 위한 설비를 연구하는 철도차량공학과, 자동차 엔진, 변속기, 차체 등을 연구 개발하는 자동차공학과 등이 있다.

수송 기술 분야에서 주목할 만한 직업에는 무엇이 있을까?

우리나라는 세계 10위권 안에 드는 선진 항공국이며 현재 조종사로 활동하고 있는 사람만 1천여 명이 넘는다. 앞으로도 항공 산업은 계속 발전할 것으로 예상되므로 조종사를 비롯해 관련 직종의 수요도 늘어날 전망이다. 항공 수송뿐만 아니라 해양 수송과 육상 수송에서도 국제 교류의 증가에 따라 새롭게 등장하는 직종이 늘고 있다.

항공 정비사

항공 정비사는 확실하고 안전한 비행을 위해 정기적으로 항공기를 점검하여 결함이나 고장을 수리하고 예방, 정비하는 사람이다. 보통 비행기는 비행 시간이 12,000~14,000 시간이 되면 정기 엔진 검사를 받기 위해 정비소로 보내진다. 이 정기 검사를 통해 안전한 비행이 가능해지는 것이다. 항공정비기능사, 항공기사, 항공정비사, 항공공장정비사 등의 자격증을 소유한 전문가들이 주로 종사하고 있다.

도선사

항만은 지리적 위치나 주변 환경에 따라 다양한 특성을 가지고 있기 때문에 아무리 오랜 경력을 가진 선장이라 하더라도 선박을 부두에 안전하게 정박시키기가 쉽지 않다. 하물며 우리나라의 지형에 익숙하지 않은 외국 선박이라면 더 말할 나위가 없다. 이때 선박에 대한 전문 지식과 지역 정보를 갖추고, 오랜 현장 경험으로 배를 이끌어 줄 사람이 필요한데, 이들이 바로 도선사다. 우리나라의 경우 현재 수출입품의 90% 이상을 선박으로 운반하기 때문에 선박을 안전하게 항만으로 이끄는 도선사의 업무 비중이 점점 높아지고 있다. 수송 산업이 발달함에 따라 이 분야의 일자리도 지속적으로 늘 것이므로 전망이 밝은 직종이다.

항공 교통 관제사

자동차가 도로를 다니는 것처럼 비행기도 다니는 길이 있다. 항공 관제사는 항공기 조종사와 통신하면서 항공기가 가는 길을 안내해 주고 항공 교통 질서를 유지하는 일을 하는 사람이다. 주로 항공 교통 센터(ACC), 접근 관제소, 관제탑 등에서 관제 업무를 본다. 현재 우리나라에서 항공 교통 관제 업무는 대부분 국토해양부 소속 공무원이 담당하고 있다. 항공기 운항이 지속적으로 늘고 있는 데다, 관제 업무는 컴퓨터만으로 할 수 없기 때문에 순간 판단력과 집중력이 요구되는 관제사의 수요는 급증할 것으로 예상된다. 관제사는 외국의 조종사와 통신을 해야 하므로 일정 수준의 영어 구사 능력이 필수적이다.

수송 기술 분야의 롤 모델로는 누가 있을까?

이현순 공학자 / 현대자동차 부회장

이현순 부회장은 1973년 서울대 기계공학과를 졸업하고 미국 뉴욕주립대학교에서 기계공학 박사 학위를 받은 뒤 30년 넘게 기계공학의 한 길만을 걸어온 공학도이다. 대학 졸업 후 외국 회사인 제너럴모터스(GM)에서 근무하던 이 박사는 한국 최초로 독자 엔진을 개발하겠다는 공학도의 꿈을 안고 현대자동차로 옮겼다.

엔진 개발은 처음부터 난관에 부딪쳤다. 당시 현대자동차 대주주였던 미쓰비시가 현대자동차의 독자 엔진 개발을 달가워하지 않았던 것이다. 현대자동차 내부에서도 반발이 심했다. 성공 가능성이 희박한 엔진 개발에 막대한 연구비를 투자하는 것은 모험이라는 것이 이유였다.

그러나 이현순 부회장은 독자 엔진 개발에 박차를 가했고 1991년, 숱한 시행착오를 거친 끝에 국내 최초 독자 모델인 1.5L급 알파 엔진 개발에 성공할 수 있었다. 알파 엔진은 고출력, 저연비, 친환경 엔진 개발의 초석을 마련한 국내 최초의 독자 엔진 모델이다. 이후 현대자동차는 D엔진, 람다 엔진, 세타 엔진, 타우 엔진 등을 개발해 한국 자동차 산업 발전에 결정적인 기여를 했다. 특히 소나타에 장착된 세타 엔진은 2002년 일본 미쓰비시와 미국 크라이슬러에 5700만 달러의 기술료를 받고 수출까지 했고, 타우 엔진은 미국에서 선정한 2009년 10대 자동차 엔진에 선정되기도 했다.

이현순 부회장은 세계 수준의 엔진을 독자적으로 개발해 한국 자동차 산업 발전에 기여한 공로로 장영실상을 비롯해 금탑산업훈장, 한국공학한림원 대상을 수상하기도 했다.

찾아보기

참고 문헌 · 참고 사이트

/ 1부 전자 기계

《갖고 싶은 과학》 크리스 우드포드, 반딧불이 옮김, 을파소, 2008.

《고등학교 과학》 현종오 외 15인, 한국과학창의재단, 2008.

《기초전기전자》 한진편집부 엮음, 이태원 옮김, 한진, 2005.

《도구와 기계의 원리》 데이비드 맥컬레이, 박영재 · 박은숙 옮김,
서울문화사, 2002.

《만화로 쉽게 배우는 전기》 카즈히로 후즈타키, 홍희정 옮김, 성안당,
2009.

《비주얼 박물관》 웅진닷컴 편집부 엮음, 웅진주니어, 2008.

《알기 쉬운 전기의 세계》 송길영, 동일출판사, 2004.

《전기와 자기 밀고 당기기》 김수봉 · 김영태 지음, 한국물리학회 엮음,
동아사이언스, 2006.

《전자기초 마스터북》 천야일미 지음, 월간전자기술편집부, 성안당, 2010.

《킹피셔 과학 백과사전 8》 킹피셔 과학 백과사전 편찬위원회 엮음,
물구나무, 2003.

《New전기를 알고 싶다》 김형술 외, 골든벨, 2010.

동아사이언스 www.dongascience.com

한국전력공사 www.kepco.co.kr

/ 2부 건설

《건설기계 중장비 용어사전》 GB기획센터 엮음, 골든벨, 2009.

《건축법규해설》 최석창, 광문각, 2009.

《건축일반구조학》 김정수 외, 문운당, 2004.

《김석철의 세계건축기행》 김석철, 창비, 1997.

《멋진 다리 위의 세상》 백이호, 주니어랜덤, 2008.

《알기 쉬운 한국건축 용어사전》 김왕직, 동녘, 2007.

《왜, 건물은 지진에 무너지지 않을까》 마리오 살바도리, 송민경 옮김,
다른, 2009.

《행복을 짓는 건축 세상》 김석철, 주니어랜덤, 2008.

《How, 세상을 바꾼 100가지 공학기술 3》 김영훈, 한겨레, 2007.

〈메일매거진 과학의 향기〉 '엄지손톱으로 산을 재는 방법?!',
한화택, 2010년 3월 29일

국토해양부 블로그 행복누리 blog.daum.net/mltm2008

동아사이언스 www.dongascience.com

물사랑 www.ilovewater.or.kr

므리의 수다방 watercafe.tistory.com

민툰하우스 blog.naver.com/mintoon

우리미술관갈까? cafe.daum.net/adelle

책이야기 플레전트빌 blog.naver.com/thinkwalden

한국건설기술연구원 www.kict.re.kr

케이워터 www.kwater.or.kr

/ 3부 생명

《김치네 식구들》 백명식, 삼선당아이, 2008.

《김치의 효능》 박종철, 푸른세상, 2006.

《나노 바이오테크놀로지》 마리타 폴보른 외, 박진희 옮김,
생각의나무, 2004.

《내 몸을 살리는 천연발효식품》 산도르 엘릭스 카츠, 김소정 옮김,
전나무숲, 2007.

《뉴 발효식품학》 홍태희, 지구문화사, 2004.

《생명공학 기초에서 응용까지》 로버트 C. 레네베르크, 김기은 옮김,
지코사이언스, 2009.

《생명공학으로의 초대》레이 V. 헤렌, 김희발 옮김, 라이프사이언스, 2005.

《생명공학이란 무엇인가》에릭 그레이스, 싸이제닉 생명공학연구소 옮김, 지성사, 2000.

《식량》김광호, 건국대학교출판부, 2004.

《식탁 위의 생명공학》농업생명공학기술바로알기협의회, 푸른길, 2009.

《영화 속의 바이오테크놀로지》박태현, 생각의나무, 2008.

《젓갈네 식구들》백명식, 삼선당아이, 2005.

동아사이언스 www.dongascience.com

사이버콩세계과학관 www.soyworld.org

한국생명공학연구원 www.kribb.re.kr

/ 4부 수송

《공학에 빠지면 세상을 얻는다》서울대학교 공과대학, 동아사이언스, 2005.

《과학기술로 달리는 철도》한국철도기술연구원 엮음, 화남출판사, 2010.

《과학으로 만드는 배》유병용, 지성사, 2005.

《과학으로 만드는 비행기》박영기, 지성사, 2008.

《기술의 역사》루카 프라이올리, 조르조 바킨 그림, 이충호 옮김, 사계절출판사, 2004.

《기술의 프로메테우스》송성수, 신원문화사, 2005.

《꿈의 실현 고속철도 시대를 열다》한국철도시설공단 엮음, 중심, 2004.

《다시 기술이 미래다》김수삼 외, 생각의나무, 2005.

《도로 위의 과학》신부용·유경수, 지성사, 2005.

《도로공학원론》손원표, 반석기술, 2007.

《도로교통공학》유태호, 반석기술, 2009.

《도로설계공학》하태준, 전남대학교출판부, 2004.

《뭔가 다른 인천 공항…무엇이 다른가》한국능률협회컨설팅 엮음, 한국능률협회컨설팅, 2010.

《에피소드로 보는 발명의 역사》류창열, 성안당, 2008.

《우리는 무엇을 타고 다녔을까?》권영인, 청솔, 2005.

《우리시대 기술혁명》김도연, 생각의나무, 2004.

《우주선의 역사》팀 퍼니스, 채연석 옮김, 아라크네, 2007.

《자동차 과학》전창, 아카데미서적, 1999.

《자동차 공학》양현수, 기한재, 2008.

《자동차 공학》오태균 외, 대가, 2007.

《첨단 기기들은 어떻게 작동되는가》사이언티픽 아메리칸 엮음, 서울문화사, 2001.

《하이브리드 카》유춘, 골든벨, 2010.

《HOW, 세상을 바꾼 100가지 공학기술 2》김영훈, 한겨레, 2007.

《The Box》마크 레빈슨, 김동미 옮김, 21세기북스, 2008.

〈교통이야기〉수도권교통본부 발행

〈자동차생활〉'신라의 교통 길과 수레를 바탕으로 삼국을 통일하다', 2002년 11월호

〈조선일보〉'쓰레기, 집에서 소각장 직행', 2005년 12월 12일

수도권광역급행철도 www.gtx.go.kr

옐로우캡 www.yellowcap.co.kr

커리어넷 www.careernet.re.kr

한국직업정보시스템 know.work.go.kr

한국컨테이너부두공단 www.kca.or.kr

현대로지엠 www.hic.co.kr

현대자동차 블루드라이브 bluedrive.hyundai.com

카고캡 www.cargocap.com

엔디에스엘 www.ndsl.kr

필진

이춘식 | 경인교육대학교 교수

권혁수 | 버지니아텍 연구원

김동남 | 신일중학교 교사

김인용 | 곤지암중학교 교사

김종명 | 진안중학교 교사

나성남 | 장성중학교 교사

노현균 | 염경중학교 교사

목경호 | 대송중학교 교사

민선애 | 안화중학교 교사

박은경 | 신천중학교 교사

박정선 | 모현중학교 교사

박희춘 | 신목중학교 교사

백재민 | 서울대사대부설중학교 교사

백종훈 | 양주백석중학교 교사

성의석 | 동인천고등학교 교사

송일민 | 영원중학교 교사

신민철 | 선일중학교 교사

오정훈 | 고양일고등학교 교사

유승목 | 풍동고등학교 교사

윤성복 | 동산중학교 교사

이광재 | 정발고등학교 교사

이정훈 | 선린중학교 교사

임상현 | 계산중학교 교사

정우정 | 구암중학교 교사

정현주 | 산본중학교 교사

조성연 | 갈뫼중학교 교사

최운묵 | 염창중학교 교사

최창민 | 일산중학교 교사

하윤정 | 신관중학교 교사

감수진

김광표 | 건국대학교 교수

박철우 | 한국산업기술대학교 교수

배충식 | 한국과학기술원(KAIST) 교수

손진식 | 국민대학교 교수

이유경 | 한국전자통신연구원 전문위원

이종석 | 한국건설교통기술평가원 대외협력실 실장

검토진

강신진 | 갈산중학교 교사

강연흥 | 서울특별시교육청 장학관

김경훈 | 한국교육과정평가원 선임연구위원

김보현 | 목동중학교 교사

김승인 | 홍익대 국제디자인전문대학원 교수

노도헌 | 서홍중학교 교사

박인경 | 풍산중학교 교사

안형준 | 고래아이디어컴퍼니 실장

이동국 | 주성중학교 교사

이상갑 | 천안공업고등학교 교사

이 승 | 대림대학 교수

이용래 | 과학창의재단 과장

이은상 | 대전서중학교 교사

임 성 | 의정부광동고등학교 교사

장한맘 | 피당 본부장

정동옥 | 성남영성중학교 교사

조성태 | 대전노은고등학교 교사

주병구 | 홍성공업고등학교 교사

최유현 | 충남대학교 교수

 사진출처

게티이미지/멀티비츠

국립기상연구소

굿이미지

농촌진흥청 국립축산과학원

뉴스뱅크

드림스타임

북앤포토

시몽GK

시몽포토에이전시

연합포토

유로크레온

위키미디어

이미지리퍼블릭

이미지클릭

타임스페이스

토픽포토에이전시

215

10대가 알아야 할 전자 기계·건설·
생명·수송 기술의 모든 것

테크놀로지의 세계 3

1판 1쇄 발행 2010년 12월 20일
1판 8쇄 발행 2017년 8월 25일

기 획 한국산업기술진흥원
      원장 김용근
      총괄진행 기술문화팀 한상영, 허자인

지은이 미래를 준비하는 기술교사 모임

발행인 양원석
본부장 김순미
디자인 디자인락
사진 시몽포토에이전시
해외저작권 황지현
제작 문태일
영업마케팅 최창규, 김용환, 이영인, 정주호, 양정길, 이선미, 신우섭, 이규진, 김보영, 임도진

펴낸 곳 ㈜알에이치코리아
주소 서울시 금천구 가산디지털2로 53, 20층 (가산동, 한라시그마밸리)
편집문의 02-6443-8842 **구입문의** 02-6443-8838
홈페이지 http://rhk.co.kr
등록 2004년 1월 15일 제2-3726호

ISBN 978-89-255-4112-9 (13500)
     978-89-255-4109-9 (세트)